Die Inflation schlagen

HERMANN SIMON

Die Inflation schlagen

Agil, konkret, effektiv

Campus Verlag
Frankfurt / New York

MIX
Papier aus verantwortungsvollen Quellen
FSC
www.fsc.org
FSC® C089473

Klimaneutral
Papier
ClimatePartner.com/13732-1910-1001

ISBN 978-3-593-51673-8 Print
ISBN 978-3-593-45321-7 E-Book (PDF)
ISBN 978-3-593-45320-0 E-Book (EPUB)

Umschlaggestaltung: Guido Klütsch, Köln
Satz: Publikations Atelier, Dreieich
Gesetzt aus der Sabon und der Oswald
Druck und Bindung: Beltz Grafische Betriebe GmbH, Bad Langensalza
Beltz Grafische Betriebe ist ein klimaneutrales Unternehmen (ID 15985-2104-1001).
Printed in Germany

www.campus.de

Inhalt

Kapitel 1

Comeback des Inflationsgespenstes

Das Inflationsgespenst ist zurück. Unternehmen und Verbraucher sind aufgeschreckt. Nach einem Jahrzehnt ungewöhnlicher Preisstabilität erleben wir die höchsten Preissteigerungsraten seit den 1970er Jahren. Vieles spricht dafür, dass die Inflation uns auf Jahre begleiten wird. Das stellt Unternehmen und die Verantwortlichen im Management vor Herausforderungen, mit denen sie nicht mehr vertraut sind. Denn die letzte Inflationswelle ähnlicher Größenordnung liegt mehr als vierzig Jahre zurück.

In diesem Buch möchte ich vor Augen führen, welch große Gefahr die Inflation für Verbraucher, Staat und vor allem für Unternehmen darstellt. Die Zusammenhänge und Konsequenzen sind dabei komplizierter, als man denkt. So kann die einfache Weitergabe von Kostensteigerungen an die nächste Wertschöpfungsstufe oder den Verbraucher ein gravierender Fehler sein. Man muss mögliche Reaktionen der Beteiligten und die Auswirkungen auf das Geschäftshandeln tiefgründig verstehen. Dieses tiefgründige Verständnis will ich dem Leser und der Leserin nahebringen. Ein besonderes Augenmerk gilt der Agilität. Denn die Inflation ist ruckartig eingetreten, täglich können sich wichtige Kosten und Preise ändern. Wenn man in dieser Situation nicht möglichst schnell und präzise Gegenmaßnahmen ergreift, kann das für ein Unternehmen existenzbedrohende Folgen haben. Warum das so ist, welche Maßnahmen in welchen Unternehmenseinheiten – abhängig von Branche und Produktart – heute geboten sind und was im Gegenteil vermieden werden sollte, ist Gegenstand dieses Buches. Für Marktanalysen und Fallbeispiele greife ich dabei immer wieder auf die umfassenden eigenen Erfahrungen mit Inflation und auf aktuelle Studien von Simon-Kucher & Partners zurück. Um die heutige Inflation zu verstehen, lohnt sich ein Blick zurück auf die vergangenen Jahrzehnte.

Die Zentralbanken streben im Allgemeinen eine jährliche Preissteigerungsrate von etwa 2 Prozent an. Dahinter steckt die Idee, dass ein leichtes Wachstum der Geldmenge und damit der Preise das Wirtschaftswachstum stimuliert. Und in der Tat beobachten wir in den meisten Ländern langfristig steigende Preise. Für einen ersten Überblick zeigt Abbildung 1.1 die Entwicklung des Verbraucherpreisindex in Deutschland von 1991 bis 2021.[1] In diesem Zeitraum ist der Verbraucherpreisindex von 100 auf 166,6 gestiegen. Das entspricht einer durchschnittlichen jährlichen Preissteigerungsrate von 1,72 Prozent. Dieser Wert liegt knapp unter der Zentralbankzielrate und wird im allgemeinen Verständnis als »Preisstabilität« interpretiert. Im Jahrfünft 2015 bis 2020 gab es in Deutschland sogar eine noch geringere Teuerung. Im Durchschnitt stiegen die Preise nur um 1,14 Prozent pro Jahr.

Doch selbst bei niedrigen Inflationsraten frisst die Zeit am Wert des Geldes. Die untere Kurve zeigt den kumulativen Wertverlust des Euro (beziehungsweise bis zu dessen Einführung im Jahr 1999 der D-Mark). In diesen dreißig Jahren ist ein Wertverlust von 40 Prozent eingetreten. Für ein Durchschnittsprodukt, das 1991 60 D-Mark kostete, muss man heute 100 Euro bezahlen. Eine jährliche Inflationsrate von 1,72 Prozent erscheint nicht hoch. Seit 1991 führte sie gleichwohl zu einer massiven Geldentwertung von mehr als einem Drittel.

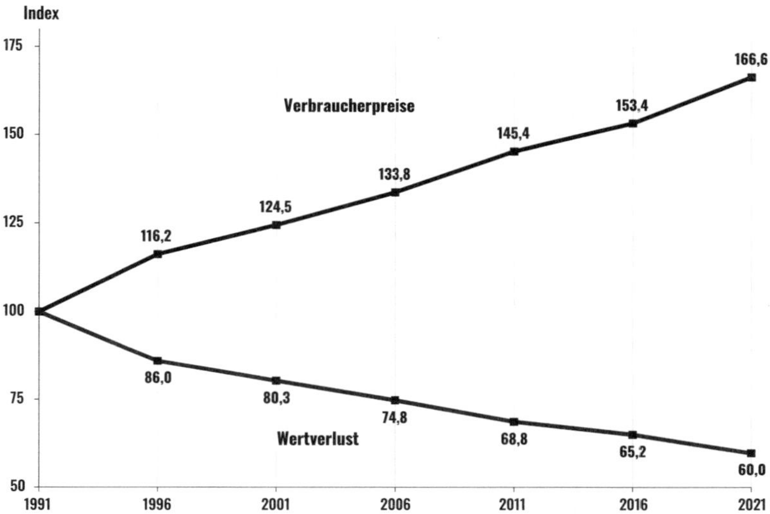

Abb. 1.1: Verbraucherpreisindex für Deutschland von 1991 bis 2021, ausgehend von einem Indexwert von 100.

Quelle: eigene Darstellung.

Die in Abbildung 1.1 für Deutschland aufgezeigte Entwicklung war in ähnlicher Weise in den meisten hoch entwickelten Ländern zu beobachten. In manchen Ländern fiel die Geldentwertung sogar noch deutlich höher aus. So ist der Verbraucherpreisindex in den USA von 1991 bis 2021 um 99 Prozent gestiegen. Der US-Dollar hat in diesen drei Jahrzehnten fast die Hälfte seines Wertes verloren. Noch weitaus stärker fällt der Wertverlust des Dollar aus, wenn man bis zum Jahr 1971, in dem der Goldstandard aufgegeben wurde, zurückgeht. In Abbildung 1.2 ist die entsprechende Entwicklung des US-amerikanischen Verbraucherpreisindex dargestellt.

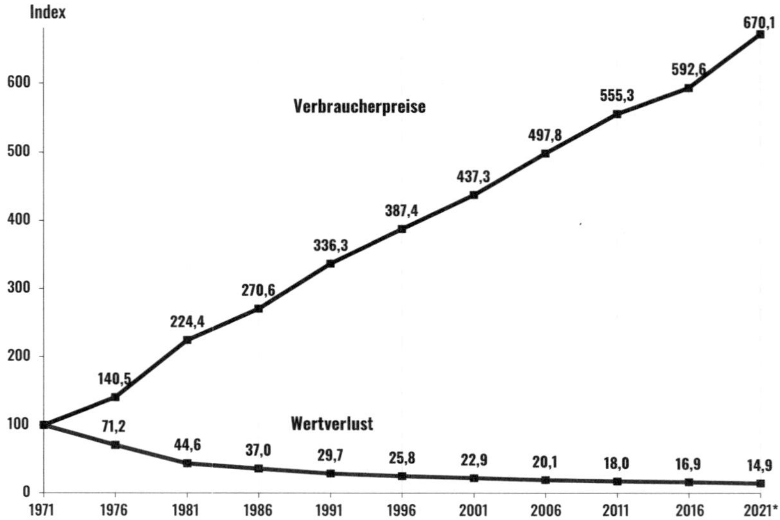

Abb. 1.2: Verbraucherpreisindex USA 1971 bis 2021, ausgehend von einem Indexwert von 100.

Quelle: eigene Darstellung.

Die Preise sind in diesen fünfzig Jahren um das 6,7-Fache gestiegen. Diese Steigerung entspricht einer durchschnittlichen jährlichen Inflationsrate von 3,87 Prozent, die anders als in Deutschland weit über der angestrebten Rate von 2 Prozent liegt. Wie die untere Kurve zeigt, ergab sich ein kumulativer Wertverlust des Dollars von 85,1 Prozent. Mit anderen Worten: Für ein Produkt, das 1971 14,90 Dollar kostete, muss man heute 100 Dollar auf den Tisch legen.

Eine Ausnahme von dem langfristigen Geldentwertungstrend bildet Japan, wo die Preise seit 1971 nur um 160 Prozent gestiegen und seit Mitte der 1990er Jahre sogar in der Tendenz gesunken sind. Selbst im Februar 2022, als die US-amerikanische Teuerungsrate auf 8,5 Prozent stieg, erreichte die japanische Inflationsrate nur 0,2 Prozent, und im Laufe des Jahres

2022 wurde ein Anstieg auf lediglich 2 Prozent erwartet. Allerdings gingen die Deflation bzw. die sehr niedrige Inflation mit einer Stagnation der japanischen Wirtschaft einher. Diese Entwicklung gilt unter Wirtschaftsfachleuten und Politikern als unerwünscht, da zu wenig oder kein Wachstum generiert wird, die Einkommen folglich nicht steigen, kaum neue Arbeitsplätze entstehen und die Innovation leidet. Gefährlich wird es allerdings, wenn die Inflationsraten aus dem Ruder laufen. Wenn Inflation und niedriges oder gar negatives Wachstum zusammen auftreten, wie das in den 1970er Jahren geschah, ist das die am wenigsten erwünschte Kombination, denn alles wird teurer, die Einkommen stagnieren oder sinken, so dass reale Kaufkraft und Lebensstandard der Bevölkerung leiden. Man spricht dann von Stagflation.

Geldwert vs. Warenwert

Was ist so gefährlich an überproportional steigenden Inflationsraten? An dieser Stelle ist ein kurzer Exkurs angebracht, der zum Verständnis von Inflation beiträgt. »Inflare« bedeutet im Lateinischen »aufblähen, ausweiten«. Im verbreiteten Verständnis bedeutet Inflation, dass die Waren teurer werden. In Wirklichkeit passiert jedoch genau das Umgekehrte. Nicht die Waren werden teurer, sondern das Geld verliert an Wert. Das heißt, das Geld verliert eine seiner wichtigsten Funktionen, nämlich die Wertaufbewahrungsfunktion.[2] Diese Perspektive wird deutlich, wenn man den Wert der Ware in Gold und nicht in »Fiat-Money« misst. Als Fiat-Money bezeichnet man in Anlehnung an den biblischen Schöpfungsakt das von den Zentralbanken geschaffene Geld. In der Bibel schuf Gott die Welt aus dem Nichts, begleitet mit den Worten: »fiat lux« (»es werde Licht«). Und in ähnlicher

Weise wird Geld im modernen System von den Zentralbanken »aus dem Nichts« geschaffen und ist damit beliebig vermehrbar. Inflation entsteht letztlich daraus, dass zu viel Geld auf eine zu geringe Warenmenge trifft. In Gold, das nicht beliebig vermehrbar ist, stellen sich Wertrelationen völlig anders dar. »Sie können heute 300 Laib Brot für eine Unze Gold kaufen, und Sie haben dies zu Christi Zeiten bekommen«, sagt Uwe Bergold vom Edelmetallhändler pro aurum.[3] In Rom kostete vor 2000 Jahren eine maßgeschneiderte Tunica etwa eine Unze Gold; heute bekommt man für eine Unze Gold einen Maßanzug.[4] Der Preis des Kleidungsstückes hat sich in Gold gemessen über 2000 Jahre nicht wesentlich verändert, gleiches gilt für das Brot. Die Aussage, dass der Wert einer Ware gleich geblieben sei, gilt natürlich nur für Produkte, deren Nutzen sich über die Zeit nicht wesentlich verändert hat; sie gilt nicht für Produkte wie die Dampflokomotive oder den Rechenschieber, die obsolet geworden sind und heute keinen Nutzen mehr bringen. Was sich in der Inflation verändert, ist der Wert des Fiat-Geldes. Dieser Wert nimmt ab. Aus solchen Überlegungen ergeben sich konkrete Konsequenzen für das Finanz- und Cashmanagement, auf die wir in Kapitel 13 zurückkommen.

Die aktuelle Inflation

Im Jahr 2021 kehrte die Inflation zurück und verschärft sich seitdem. Im April 2022 erreichte die jährliche Inflationsrate in den USA 8,5 Prozent, Deutschland lag mit einer Rate von 7,4 Prozent nur unwesentlich niedriger. Es ist sehr wahrscheinlich, dass die Inflation anhält. Selbst ein Zurückfallen in eine Stagflation im Stil der 1970er Jahre lässt sich nicht mit Sicherheit ausschließen. Damals waren die Ölkrisen von 1973 und 1978 die Auslöser. Für die Inflation der 2020er Jahre gibt es hingegen mehrere Ursachen:

1. Die Nachwirkungen der Finanzkrise von 2008 bis 2010
2. Covid-19 und die damit einhergehende Expansion der Geldmenge
3. Handelskonflikte, insbesondere zwischen USA und China
4. Unterbrechungen der globalen Lieferketten
5. Demografie, die zu Produktions- und Angebotsengpässen führt
6. und zuletzt die Ukraine-Krise.

All diese Faktoren wirken sich auf die Preise für Energie, Rohstoffe, Lebensmittel und in einer Art Kettenreaktion auf viele andere Produkte sowie Dienstleistungen aus.

Anhaltende Inflation

Eine wichtige Frage ist, ob die Inflation temporär ist oder auf lange Zeit anhalten wird? Als sich die ersten Preissteigerungen im Jahr 2021 zeigten, sprachen insbesondere die Zentralbanken, aber auch viele Makroökonomen von einem vorübergehenden Phänomen, dass durch Covid-19, Lieferengpässe und Störungen der globalen Supply Chain verursacht werde. Mit dem Verschwinden dieser Faktoren gehe auch der Inflationsdruck zurück.

Seit dem Frühjahr 2022 mehren sich jedoch die Stimmen, die eine länger anhaltende Inflation sehen. So sagte Agustin Carstens, Generaldirektor der Bank für Internationalen Zahlungsausgleich, »dass wir uns an der Schwelle zu einer neuen Inflationsära befinden. Die Kräfte hinter der hohen Inflation könnten noch einige Zeit anhalten.«[5] Christian Nolting, Chief Investment Officer der Deutschen Bank, findet ein plastisches Bild: »The rhino in the room has been unleashed and may prove difficult to stop.«[6] Karl von Rohr, Vorstand im selben Hause, hält sogar eine jährliche Inflationsrate von 10 Prozent für möglich.[7] Vorausschauende Ökonomen wie Hans-Werner Sinn oder Thomas Mayer haben diese Entwicklung seit längerem prognostiziert und treffgenau zur Rückkehr der Inflation Bücher vorgelegt, die sich zu einer vertieften Behandlung mit der Inflationsproblematik aus makroökonomischer Sicht empfehlen.[8] Im Frühjahr 2022 bestätigte Sinn seine Prognose: »Die Inflation ist da – und wird auch bleiben.«[9] Als Begründung führt er an, dass die Erzeugerpreise in Deutschland im Jahresvergleich um 25,9 Prozent gestiegen seien und es dauere, bis diese Entwicklung auf den vorgelagerten Wertschöpfungsstufen bei den Endverbrauchern ankomme. Im Jahresvergleich sind die Erzeugerpreise für Getreide um 33 Prozent, für Kartoffeln um 88 Prozent und für Milch um 30 Prozent gestiegen.[10] Parallel dazu zeigen sich die ersten Forderungen der Gewerkschaften. Die IG Metall verlangte im Frühjahr 2022 Lohnsteigerungen von 8,2 Prozent.[11] Nicht weniger wichtig ist die Tatsache, dass die extrem aufgeblähte Geldmenge sich nicht kurzfristig zurückführen lässt, zumal die Zentralbanken bei Zinserhöhungen neue Gefahren sehen und deshalb zögerlich agieren.

Die Inflationsampel steht also auf tiefrot. Für Preisverantwortliche sollten alle Warnsignale ertönen. In dieser Situation kann man katastrophale Fehler machen, aber es gibt auch Chancen, relativ ungeschoren davonzukommen, indem man schnell agiert und das Richtige tut. In diesem Buch versuche ich, tiefer zu graben und Überlegungen anzustellen, die über die oft plakativen und oberflächlichen Aussagen zu Preis und Inflation hinausgehen. Als Negativbeispiel sei nur eine unreflektierte Überwälzung von Kostensteigerungen auf die Kunden genannt. Um in Unternehmen zu richtigen Entscheidungen zu kommen, bedarf es sowohl eines gründlichen Verständnisses der Zusammenhänge zwischen Kosten, Preisen und Inflation, als auch Klugheit im Timing und in der Gestaltung der Umsetzung.

Inflation bei Lebensmitteln

Die Inflation betrifft grundsätzlich alle Branchen. Das spiegelt sich im allgemeinen Verbraucherpreisindex wider. Doch dieser Index darf nicht als maßgebliche Leitlinie für unternehmerisches Handeln fungieren. Vielmehr kommt es auf die Konstellation der Ursachen im Einzelfall an. Das zeigen die folgenden Beispiele. Am stärksten wahrgenommen werden die Preissteigerungen bei Energie und Lebensmitteln. Und in der Tat beobachtet man dort ungewöhnlich hohe Teuerungsraten. Am 21. Januar 2022 kostete ein Liter Heizöl bei Abnahme von 3 000 Litern 87 Cent, am 9. März 2022 stieg der Preis kurzfristig auf über 2 Euro. Die Stadtwerke Bonn haben bei unverändertem Grundpreis den Verbrauchspreis pro Kilowattstunde vom 1. Juni 2022 an um 5,46 Cent erhöht, das entspricht je nach Tarif 74 bis 80 Prozent.[12]

Abbildung 1.3 zeigt Preissteigerungen für ausgewählte Produkte im Lebensmittelbereich im März 2022 gegenüber dem Vorjahresmonat in Prozent. Die Preissteigerungen für diese Lebensmittel liegen weit über dem allgemeinen Inflationsindex. Insgesamt stiegen die Preise für Lebensmittel mit 6,2 Prozent deutlich geringer als die hier ausgewählten Produkte. Selbst ein Discounter wie Aldi, dessen Wettbewerbspositionierung auf niedrige Preise ausgerichtet ist, konnte sich der Notwendigkeit von massiven Preiserhöhungen nicht entziehen, wie Abbildung 1.4 belegt.

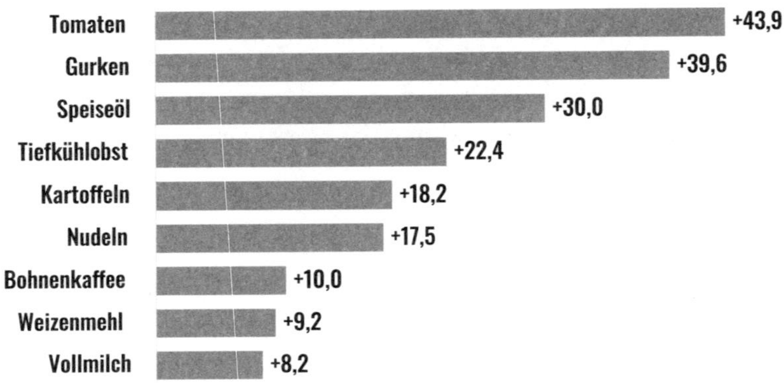

Abb. 1.3: Preissteigerungen in Deutschland für ausgewählte Lebensmittel im März 2022 gegenüber Vorjahresmonat, in Prozent.

Quelle: Destatis/Jessica von Blazekovic, Warum Lebensmittel teurer werden, Frankfurter Allgemeine Zeitung, 20. April 2022, S. 17.

	Preis in Euro 1/2022	3/2022	Anstieg in Prozent
Quellbrunnen Mineralwasser Medium (1,5 l)	0,19	0,25	+31,6
Amaroy Kaffeepads Milde Bohne (144 g)	1,69	2,19	+29,6
Salatgurke (Stück)	0,69	0,89	+29,0
Bellasan Reines Rapsöl (1,0 l)	1,39	1,79	+28,8
Sun Snacks Salzbrezeln (250 g)	0,49	0,59	+20,4
Bellasan Sonnenblumenmargarine (500 g)	0,99	1,19	+20,2
Goldähren Wraps Weizen (372 g)	0,99	1,19	+20,2
Bellasan Reines Sonnenblumenöl (1,0 l)	1,49	1,79	+20,1
Goldähren Vollkorn Toast (500 g)	0,79	0,89	+12,7
Bananen (1,0 kg)	0,89	0,99	+11,2
Pizza'Ah Holzofen Pizza Fantasia	1,99	2,19	+10,1
Meine Metzgerei Hackfleisch gesamt (500 g)	2,99	3,29	+10,0

Abb. 1.4: Preissteigerungen bei ausgewählten Eigenmarken von Aldi zwischen Januar und März 2022.

Quelle: Stefanie Diemand, Gibt es bald keine billigen Lebensmittel mehr?, Frankfurter Allgemeine Zeitung, 2. April 2022, S. 20.

Die empirische Beobachtung, dass die Preissteigerungen von Produkt zu Produkt sehr unterschiedlich ausfallen, trifft auch auf andere Märkte zu. So hat Tesla im April 2022 den Listenpreis für das Model 3 von 42 990 Euro auf 49 990 Euro erhöht.[13] Das entspricht einer Steigerung von 16,3 Prozent. Für den deutschen Käufer kommt hinzu, dass sich der von Staat und Herstellern gewährte Umweltbonus für E-Autos um 1 500 Euro reduziert. Rechnet man beides zusammen, so muss der Tesla-Käufer nach Umweltbonus statt bisher 33 990 Euro jetzt 42 490 Euro zahlen, das sind geschlagene 25 Prozent mehr. Am unteren Ende der Preisskala wird das Elektroauto Dacia Spring im Frühjahr 2022 zu einem Listenpreis von 20 940 Euro angeboten. Nach Abzug des Umweltbonus muss der Käufer nur 11 000 Euro zahlen. Dieser Ultraniedrigpreis führte zu einer solchen Welle von Bestellungen, dass Dacia im Frühjahr die Annahme neuer Aufträge vorübergehend einstellen musste.[14] Auch das kann ein Effekt der Inflation sein. Das Dacia-Modell steht zwar nicht im direkten Wettbewerb mit dem Tesla-Model 3, aber Preissteigerungen bei teureren Produkten können bei den Verbrauchern sehr wohl zum Ausweichen auf deutlich billigere Produkte führen.

Aus diesen Preisvergleichen sind mehrere Schlussfolgerungen zu ziehen. Extreme Preissteigerungen wie bei Energie oder lebensnotwendigen Produkten belasten die Kaufkraft der Verbraucher sehr stark. Die aufgeführten Beispiele zeigen zudem, dass die allgemeine Inflationsrate nicht als Anhaltspunkt für Managemententscheidungen geeignet ist. Die aufgezeigten Preissteigerungen liegen weit über der allgemeinen Inflationsrate. Entsprechend muss es Produkte und Dienstleistungen geben, deren Preise deutlich weniger als die allgemeine Teuerungsrate steigen oder sogar sinken. Eine Betrachtung von Durchschnittswerten kann daher irreführend sein. Unterschiedliche Preissteigerungen verschieben Wettbewerbspositionen unter Umständen massiv. Es ist notwendig, die Preisentwicklungen und die Preistreiber für jedes einzelne Produkt zu verstehen, um zu richtigen Entscheidungen für dieses Produkt zu kommen.

Zusammenfassung

Nach einem Jahrzehnt relativer Preisstabilität ist die Inflation zurück. Folgende Punkte seien festgehalten:

- Selbst niedrige Inflationsraten führen langfristig zu einer starken Geldentwertung.
- Diese erreichte in Deutschland seit 1991 beachtliche 40 Prozent, in den USA seit 1971 sogar 85 Prozent.
- Die Kombination von niedrigen Inflationsraten und nachhaltigem Wirtschaftswachstum ist erwünscht und der Verbindung von Deflation und Stagnation vorzuziehen.
- Seit 2021 hat die Inflation ruckartig angezogen und die höchsten Raten seit den 1970er Jahren erreicht.
- Seitdem wirken zahlreiche Faktoren als Preistreiber. Selbst wenn einige davon nur temporär wirksam bleiben, ist mit einem längeren Anhalten der Inflation zu rechnen. Denn die aufgeblähte Geldmenge lässt sich nicht schnell abbauen.
- Betrachtungen von einzelnen Produkten zeigen, dass sich die Preissteigerungen stark unterscheiden. Insofern muss jede Maßnahme gegen Inflation die Situation des einzelnen Produktes beachten und sich nicht von Durchschnittswerten leiten lassen.

Kapitel 2

Opfer und Profiteure der Inflation

Wen trifft die Inflation? Wer sind die Betroffenen? Die einfache Antwortet lautet, dass alle betroffen sind, Verbraucher, Unternehmen und natürlich auch der Staat. Allerdings unterscheidet sich die Betroffenheit je nach Situation des einzelnen Akteurs. Es gibt Opfer und Profiteure. Verbraucher mit geringer Kaufkraft, deren lebensnotwendige Einkäufe sich stark verteuern, stehen auf der Verliererseite. Wohlhabende, die auf nicht lebensnotwendige Käufe verzichten können, leiden weniger unter steigenden Preisen. Schuldner profitieren von der Inflation, da sie ihre Schulden in entwertetem Geld zurückzahlen. Gläubiger hingegen finden sich in der Opferrolle, denn sie erhalten für ihre Forderungen einen verminderten Realwert zurück. Unternehmen, die hohe Pricing Power besitzen, können die gestiegenen Kosten auf ihre Kunden überwälzen, während Firmen mit schwacher Pricing Power den Kostenanstieg zu Lasten ihrer Gewinne absorbieren müssen oder sogar in die Verlustzone rutschen. Von steigenden Preisen profitieren auch Rohstoffförderer. Die Ölfirma BP hat im ersten Quartal 2020 dank »außergewöhnlicher« Preise ihren Gewinn mehr als verdoppelt, das beste Ergebnis seit mehr als zehn Jahren.[1]

Unternehmen und Management

Wie fühlen sich Unternehmen betroffen und wie verhalten sie sich, wenn die Inflation einsetzt? Dieser Frage ist Simon-Kucher & Partners zu Beginn der Inflation in einer Studie bei 367 deutschen Unternehmen, von denen 29 Prozent Konsumgüter und 71 Prozent Industriegüter herstellen, nachgegangen.[2] Die Ergebnisse fielen für die beiden Sektoren unterschiedlich aus, wie Abbildung 2.1 zeigt.

Reaktion auf Inflation	Industriegüter n=263	Konsumgüter n=104
Bereits Preiserhöhung durchgeführt	46%	59%
Kostenanstieg wird im Preis weitergegeben	41%	38%
Kostenanstieg wird durch höhere Effizienz kompensiert	17%	28%
Nach Kunden differenzierte Preisanpassung	66%	51%
Keine Preiserhöhung bei signifikanten Mengenverlusten	27%	36%
Mehrfache Preiserhöhungen pro Jahr	24%	25%
Preisanpassungsklausel vorhanden	20%	k.A.

Abb. 2.1: Preisverhalten deutscher Unternehmen in der Inflation seit Februar 2022.

Quelle: Simon-Kucher 2022.

Kostensteigerungen werden demnach sowohl durch Preiserhöhungen als auch durch höhere Effizienz kompensiert. Im Falle der Industriegüter werden so 58 Prozent der Kostensteigerungen (41 Prozent durch Preise, 17 Prozent durch Effizienz) und bei Konsumgütern 66 Prozent (38 + 28) absorbiert. Ein weiteres Ergebnis der Studie zeigt, dass Preisanpassungen überwiegend nach Kunden differenziert erfolgen. Vor signifikanten Absatzverlusten in Folge von Preiserhöhungen schrecken bei Industriegütern mehr als ein Viertel, bei Konsumgütern sogar mehr als ein Drittel der befragten Firmen zurück. Rund jedes vierte Unternehmen passt die Preise unter inflationären Bedingungen mehrfach pro Jahr an. Wie wir weiter unten sehen werden, ist das ein sinnvolles Verhalten.

Ein gravierendes Manko: fehlende Inflationserfahrung

Die Rückkehr des Inflationsgespenstes stellt Unternehmen und ihr Management vor gewaltige und ungewohnte Herausforderungen. Das gilt keineswegs nur für die Marktseite, also Vertrieb und Marketing, sondern gleichermaßen für Funktionen wie General Management, Finanzen, Controlling, Produktion und Einkauf. Ein gravierendes Problem besteht darin, dass die gegenwärtige Managergeneration so gut wie keine Erfahrung mit hohen Inflationsraten besitzt. Der US-amerikanische Management-Guru Ram Charan weist pointiert auf diese Erfahrungslücke hin: »Nearly two generations of managers have literally no idea what it's like to operate in an inflationary environment«, warnend fügt er hinzu: »Inflation consumes cash, eats margins and lulls managers into a false sense of security as inflated revenues rise. A company's situation can erode very quickly, leading to takeover or bankruptcy.«[3] Ein Automobilexperte sagt mir über die Zulieferbranche: »Diese Industrie hat 30 Jahre lang nur Preissenkungsklauseln entwickelt. Die können gar nicht mehr in Richtung Erhöhung denken.«

Die Zeiten ähnlich hoher Preissteigerungen, wie wir sie jetzt und wohl für längere Zeit erwarten müssen, liegen 40 bis 50 Jahre zurück. Abbildung 2.2 belegt dies anhand eines Vergleichs der jährlichen Inflationsraten von 1972 bis 1981 mit den Raten von 2012 bis 2021.

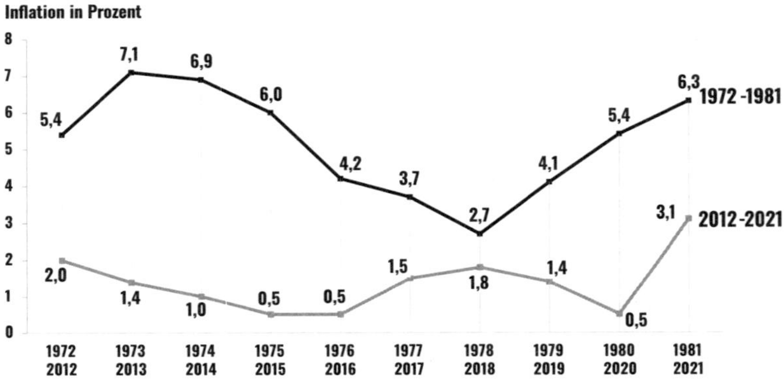

Abb. 2.2: Vergleich der jährlichen Inflationsraten von 1972 bis 1981 mit den Raten von 2012 bis 2021.

Quelle: eigene Darstellung.

Nimmt man den einfachen Mittelwert, so lag die durchschnittliche Inflationsrate in den 1970er Jahren bei 4,81 Prozent und in den 2010er Jahren bei 1,27 Prozent, mit anderen Worten knapp viermal so hoch.[4] Dieser Vergleich verdeutlicht auf drastische Weise, dass Unternehmen in den 1970er Jahren unter völlig anderen Bedingungen arbeiteten als im gerade vergangenen Jahrzehnt. Doch die Erfahrungen aus jener Zeit sind nicht mehr präsent. Die Manager, die seinerzeit Verantwortung trugen, sind längst alle im Ruhestand oder verstorben. Die jetzige Managergeneration besitzt keine eigenen Inflationserfahrungen. Man kann zwar auf Literatur aus den 1970er Jahren zurückgreifen, in der Themen wie Preisüberwälzung, Scheingewinne etc. tiefgründig behandelt wurden, aber diese Lektüre kann eigene Erfahrungen nicht ersetzen.[5] Eine andere mögliche Informationsquelle können Länder sein, in denen zurzeit hohe Inflationsraten grassieren. Ein Extrembeispiel ist die Türkei, in der sich die jährliche Geldentwertung im Bereich von mehr als 50 Prozent bewegt.[6] Es kommt hinzu, dass die Übertragbarkeit eingeschränkt ist. In den 1970er Jahren waren die Ölpreisschocks von 1973 und 1978 die dominierenden, sich über eine Preis-Lohn-Spirale verstärkenden Ursachen. Die von der IG Metall erhobene Forderung einer Lohnsteigerung von 8,2 Prozent ist ein Vorbote dafür, »dass sich Inflationserwartungen, Löhne und Preise gegenseitig weiter aufschaukeln«.[7]

Hinter der aktuellen Inflation stehen, wie aufgezeigt, vielfältige Kausalfaktoren mit unterschiedlichen Zeitprofilen. Zudem haben sich die Umfeldbedingungen in den fünf Jahrzehnten fundamental verändert. Als Beispiele seien die Globalisierung, die Vereinheitlichung des europäischen Marktes (Europäische Union) und die Digitalisierung genannt. Wir kommen später auf solche Einflussfaktoren zurück.

Verbraucher und Inflation

Die beispielhaft in Kapitel 1 berichteten enormen Preissteigerungen sind für Verbraucher, insbesondere solche mit niedrigen Einkommen, schwer zu verkraften. Stark betroffen sind auch Pendler, die zwischen Wohnung und Arbeitsstätte lange Strecken mit dem eigenen Fahrzeug bewältigen müssen.

Ausweichstrategien

Wie können Verbraucher reagieren? Zum einen durch gänzlichen Verzicht auf den Kauf nicht notwendiger Produkte. Sie können einen Urlaub ausfallen lassen oder seltener ins Restaurant gehen. Oder der alte Fernseher wird länger genutzt. Ein zweiter Weg besteht im Ausweichen auf billigere Produkte. So kann man beim Autokauf in eine niedrigere Preislage wechseln, oder im Urlaub ein billigeres Hotel wählen. Verbraucher können zudem Einsparungen erzielen, indem sie Unbequemlichkeiten in Kauf nehmen. Beispiele sind die Reduktion der Temperatur in der Wohnung oder die Nutzung des öffentlichen Nahverkehrs statt des eigenen Autos. Zwangsläufig sind solche Ausweichmanöver mit Qualitäts- und Nutzeneinbußen verbunden. Bei sehr hohen Inflationsraten kann eine weitere für den Verbraucher unangenehme Wirkung, nämlich eine Verknappung des Angebots, eintreten. Nach einem Anstieg der Lebensmittelpreise in Sri Lanka um mehr als 30 Prozent im März 2022 wird von dort berichtet: »Es gibt kein Mehl mehr, keine Milch. Was es noch gibt, halten die Händler zurück, weil sie auf höhere Preise spekulieren.«[8] Ein ähnliches Phänomen war im Zuge der deutschen Währungsreform im Jahr 1948 zu beobachten. Solange die alte Währung Reichsmark galt und die Inflation galoppierte, blieben die Schaufenster leer. Die Händler hielten die Ware zurück. Als am 21. Juli 1948 die Deutsche Mark eingeführt wurde, füllten sich die Schaufenster und die Regale in kürzester Zeit. Welchen Weg die Verbraucher auch wählen, die Inflation schmälert ihre reale Kaufkraft, mindert den erhaltenen Nutzen oder erfordert höhere Anstrengungen.

Wie deutsche Verbraucher auf die Inflation reagieren, hat das Institut für Demoskopie in einer Befragung ermittelt. Abbildung 2.3 zeigt die Ergebnisse.[9]

Reaktion auf Inflation	Prozent
Beim Einkauf mehr als früher auf den Preis achten	54
Beim Heizen zu Hause Temperatur niedriger einstellen	47
Versuchen, allgemein sparsamer zu leben	45
Weniger Auto fahren	37
Weniger Urlaub machen	18
Öfter öffentliche Verkehrsmittel benutzen	13
Keine Änderung des Konsumverhaltens	17

Abb. 2.3: Reaktionen deutscher Verbraucher auf die Inflation im April 2022.

Quelle: Institut für Demoskopie, aus: Frankfurter Allgemeine Zeitung, 18. April 2022.

Es sei angemerkt, dass es sich um verbale Bekundungen handelt, die nicht immer das tatsächliche Verhalten wiedergeben. Dennoch kann man feststellen, dass einzelne Produktkategorien im Hinblick auf die Reaktionen der Verbraucher sehr verschieden von der Inflation betroffen werden. Dementsprechend unterschiedlich dürften die Spielräume für Preiserhöhungen ausfallen.

Anlageverhalten

Als gravierend empfinden viele Verbraucher die aus der Inflation resultierende Wertminderung ihrer Ersparnisse. Die diesbezüglichen Empfindlichkeiten sind in Deutschland aufgrund der Historie zweier Währungsreformen stärker ausgeprägt als in anderen Ländern. Im Widerspruch dazu steht das Spar- und Anlageverhalten der Deutschen. Sparbücher und festverzinsliche Wertpapiere sind beliebt. In diese Kategorie gehören auch Lebensversicherungen, die sich derzeit lediglich mit zwei Prozent verzinsen. Dennoch haben deutsche Verbraucher im Jahr 2021 fast 100 Milliarden Euro in Lebensversicherungen eingezahlt.[10] Generell gilt: »Die Inflation ist so stark gestiegen, dass es schwer wird, sie mit herkömmlichen Geldanlageprodukten überhaupt noch zu schlagen.«[11] Anlageformen wie Immobilien und Aktien, die einen gewissen Inflationsschutz bieten, sind in Deutschland unterentwickelt. So liegt das Eigentum an der selbstgenutzten Wohnung in Deutschland bei 50 Prozent, hingegen in den USA bei 63, in Frankreich bei 64 und in den Niederlanden bei 69 Prozent.[12] Auch Aktien besitzen in Deutschland lediglich 6 Prozent der Haushalte, während 25 Prozent der US-amerikanischen Haushalte Aktien haben, in Japan und den Niederlanden sind es 25 bzw. 30 Prozent.[13] Man kann aus diesen Zahlen schließen, dass deutsche Verbraucher im Hinblick auf Immobilien- und Aktienanlagen schlechter gegen Inflation geschützt sind als solche in anderen hochentwickelten Ländern. Kein klares Bild ergibt sich bei Goldanlagen. Die Bundesbank hat nach den USA die zweithöchsten Goldreserven der Welt. Auch deutsche private Haushalte sollen in den letzten Jahren stark in Gold investiert haben.[14] Im ersten Quartal 2022 erwarben deutsche Privatanleger 47 Tonnen Gold, der höchste Wert seit zehn Jahren.[15] Hingegen liegen die Deutschen bei Investitionen in Kryptowährungen weit hinten, wie Abbildung 2.4 veranschaulicht.

Die Frage ist, ob Kryptowährungen überhaupt ein wirksamer Inflationsschutz sind. Befürworter bejahen diese Frage insbesondere für Bitcoin wegen der auf 21 Millionen Einheiten limitierten Menge und weiterer Merkmale. »Bitcoin is increasingly gai-

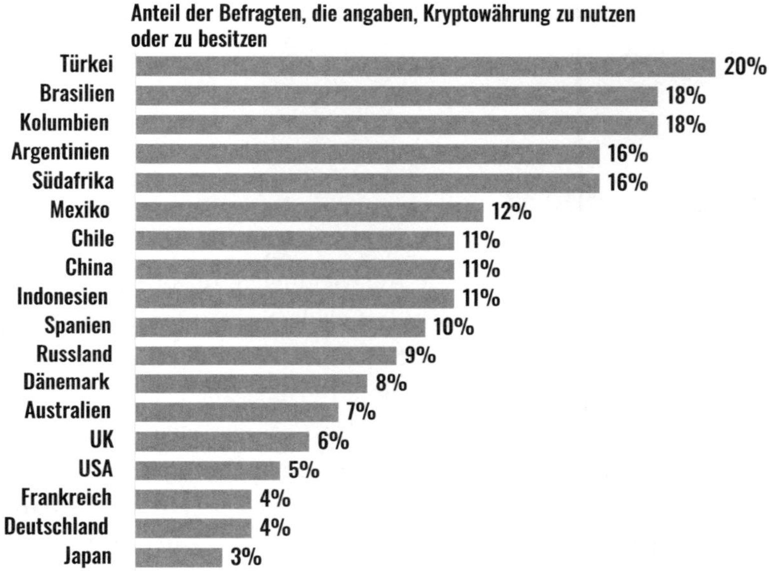

Abb. 2.4: Besitz von Kryptowährungen nach Ländern, 2022.
Quelle: Simon-Kucher 2022.

ning acceptance as an alternative long-term digital store of value with similar anti-inflationary characteristics to gold.«[16] Eine ausführlichere Begründung findet sich in dem Buch *The Bullish Case for Bitcoin*.[17] Auch Ethereum gewinnt Aufmerksamkeit und wird von manchen sogar als Bitcoin überlegener Wertspeicher angesehen.[18] Dem steht die hohe Volatilität der Kryptowährungen gegenüber, die zumindest kurzfristig keinen Wert- und Inflationsschutz bietet. Interessant an Abbildung 2.4 ist, dass Länder mit hohen Inflationsraten wie Türkei und Brasilien die höchsten und Länder mit vergleichsweise niedrigen Inflationsraten wie Deutschland und Japan die niedrigsten Besitzquoten aufweisen. Das deutet darauf hin, dass Kryptowährungen von Verbrauchern tatsächlich als Inflationsschutz gesehen werden. Allerdings kann es auch andere Gründe wie Geldwäsche oder Steuervermeidung geben.

Private Finanzierung

Die Inflation hat gravierende Auswirkungen auf private Finanzierung. In den USA sind die Hypothekenzinsen nach Einsetzen der Inflation auf den höchsten Stand seit zehn Jahren gestiegen.[19] Dieser Anstieg schränkt den Finanzierungsspielraum von Verbrauchern, etwa beim Kauf eines Hauses oder einer Wohnung, massiv ein. Die höheren Zinsen verteuern auch Ratenkredite und Leasingverträge für Autos. In Kanada werden Hypothekendarlehen nur für drei bis fünf Jahre zu Festzinsen vergeben. Ein Bekannter, der vor drei Jahren einen Hauskauf zu sehr günstigen Zinsen finanziert hat, fürchtet die Belastung, wenn der Festzins demnächst ausläuft. Wenn Niedrigzinsdarlehen refinanziert werden müssen, können manche Verbraucher in Schwierigkeiten geraten. Gerade im privaten Bereich könnten die Immobilienpreise wegen der engeren Finanzspielräume sinken. Das wäre dann ein antiinflationärer Effekt.

Beschäftigung

Mögliche Gefahren der Inflation für Verbraucher beschränken sich keineswegs auf Konsum und Vermögenserhalt, sondern betreffen auch die Einkommensseite. Um die Inflationswirkungen abzumildern, versuchen manche Verbraucher, ihr Einkommen zu erhöhen. Das kann durch Mehrarbeit oder die Aufnahme einer Nebentätigkeit geschehen. Die Inflation kann zu negativen

Auswirkungen auf die Beschäftigung führen. Unternehmen ohne ausreichende Pricing Power haben Schwierigkeiten, die Kostensteigerungen zu überwälzen, gefährden damit ihre Existenz oder geraten gar in Insolvenz. Dadurch gehen Arbeitsplätze, Einkommen und Kaufkraft verloren. Bezieher fester Einkommen wie Rentner, Pensionäre oder Inhaber festverzinslicher Anleihen sind dem Risiko realer Einkommensverluste ausgesetzt. Falls die Steigerungsraten von Renten und Pensionen hinter der Teuerungsrate zurückbleiben, leidet die Kaufkraft. Im Worst-Case-Szenario einer Stagflation, das man nicht ausschließen kann, kommen Preissteigerungen und Einkommensverluste zusammen. Daraus erwachsen wiederum höhere Belastungen für den Staat durch Arbeitslosengeld und Sozialhilfe.

Geändertes Kauf- und Preisverhalten

Sehr wichtig ist die Frage, wie sich das Einkaufs- und insbesondere das Preisverhalten der Verbraucher im Zuge der Inflation ändert. Diese Änderungen sind komplex und durchaus ambivalent. Es ist deshalb für Unternehmen unverzichtbar, die Reaktionen der Verbraucher auf die Inflation zu untersuchen, tiefgängig zu verstehen und zu antizipieren. In diversen Simon-Kucher-Projekten in mehreren Ländern haben wir festgestellt, dass eine hohe Inflationsrate eine Erhöhung der Preiselastizität nach sich zieht. Die Kunden achten stärker auf Preise und versuchen, noch ein günstiges Angebot zu erwischen. Diese Tendenz ist zu erwarten und keineswegs überraschend.

Es gibt allerdings eine gegenläufige Tendenz, auf die wir erstmals in Projekten in Brasilien in den 1990er Jahren stießen und die sich gegenwärtig ähnlich in der Türkei zeigt. Wenn die Inflationsraten sehr hoch werden, verliert der Preis an Bedeutung und die Preiselastizität sinkt. Wie die Vergleiche der Lebensmittelpreise und der Tesla-Fall in Kapitel 1 illustrierten, beobachten wir selbst in Deutschland für ausgewählte Produkte Inflationsraten von mehr als 20 Prozent. In einer brasilianischen Studie für Drogeriemarktartikel fanden wir trotz sehr hoher Inflation eine Preiselastizität von nahe an Null. Das heißt, das Kaufverhalten änderte sich nicht. Erklären lässt sich dieser kontraintuitive Befund damit, dass bei häufigen und hohen Preissteigerungen die Preisbezugsbasis der Käufer, das sogenannte Referenzpreissystem, nicht mehr funktioniert. Die Verbraucher verlieren einfach die Übersicht, was schon teurer geworden ist und was noch günstig angeboten wird. Im Zusammenhang mit der Inflation von 1923 bezeichnet Georg von Wallwitz dieses Phänomen als »Umwälzung der Preisverhältnisse«.[20] Hinzukommen können Knappheiten und Versorgungsengpässe, so dass gekauft wird, was verfügbar ist und der Preis in den Hintergrund tritt. Eine solche Erfahrung machte ich selbst in der ersten Phase von Covid-19. Im großen Verbrauchermarkt war wie fast überall Toilettenpapier ausverkauft. Im kleinen Dorfladen fand ich hingegen noch ein Angebot, allerdings zum dreifachen Preis. Natürlich habe ich mich eingedeckt. Die schiere Verfügbarkeit des ansonsten ausverkauften Produktes ließ den Preis vergessen.

Diese Befunde unterstreichen die Bedeutung, die einer sorgfältigen Beobachtung der Kunden, der Absatzseite und insbesondere des Preisverhaltens in der Inflation zukommt. Es ist riskant, Kostensteigerungen ohne Kenntnis der Kundenreaktionen einfach zu überwälzen. Umgekehrt wäre es auch gefährlich, völlig auf die Weitergabe der erhöhten Kosten zu verzichten. Die Messung von Veränderungen im Preisverhalten ist allerdings nicht einfach. Sie muss vor allem schnell erfolgen, denn in der Inflation kann man mit den Maßnahmen nicht lange warten. Fokusgruppen mit Verbrauchern, unternehmensinterne Workshops, schnelle Tests, Internetbefragungen, die Nutzung von Experten, die Erkenntnisse aus anderen Märkten, insbesondere Hochinflationsländern, sind in dieser Situation Mittel der Wahl.

Staat und Inflation

Der Staat profitiert per Saldo aus zwei Gründen von der Inflation. Zum einen sind fast alle Staaten hochverschuldet, und zwar überwiegend zu historisch sehr niedrigen, langfristig fixen Zinssätzen. Inflation bedeutet, dass der Staat, wie jeder andere Schuldner, seine Verpflichtungen in entwertetem Geld tilgen kann. Dies gilt umso stärker, je länger die Tilgung läuft und je höher die Inflationsraten über den Tilgungszeitraum ausfallen werden.

Auf der Einnahmenseite profitiert der Staat ebenfalls. Denn mit den nominalen Umsätzen und Einkommen steigen die Steuereinnahmen automatisch. Eine Studie der Denkfabrik Agenda Austria schätzt, dass die hohe Inflation dem österreichischen Staat in den Jahren 2022 und 2023 Mehreinnahmen aus Mehrwert, Lohn- und Einkommensteuer zwischen 7,5 und 11 Milliarden Euro bringt.[21] Dieser Effekt wird durch die Progression der Einkommensteuer weiter verstärkt. Bei einem zu versteuernden Jahreseinkommen von 50 000 Euro fallen in Deutschland 12 000 Euro an Einkommensteuer an. Nimmt man für diese Beispielsrechnung 12 Prozent Inflation an, so steigt das zu versteuernde Jahreseinkommen auf 56 000 Euro. Der Steuerpflichtige muss dann 14 224 Euro an Einkommensteuer zahlen. Die Einnahme des Staates steigt nicht um 12 Prozent wie das Einkommen, sondern um 18,5 Prozent. Real, also inflationsbereinigt, nimmt der Staat 700 Euro mehr ein.[22]

Allerdings steigen im Zuge der Inflation auch die Zinsen. Diese unvermeidlichen Zinserhöhungen beinhalten für den Staat beträchtliche Risiken. Wenn die extrem niedrigen, teilweise negativen Zinsen für Staatsanleihen in einigen Jahren auslaufen und eine Refinanzierung zu deutlich höheren Zinsen notwendig wird, entstehen für die hochverschuldeten Staaten gravierende Probleme. Zusätzliche Lasten ergeben sich beim Staat durch Erhöhungen von Renten, Sozialhilfen und Arbeitslosengeld sowie durch Subventionen für inflationsbetroffene Unternehmen oder Verbraucher. Ein Beispiel sind die Energiebeihilfen für verschiedene Zielgruppen im Frühjahr 2022.

Zusammenfassung

Die Inflation trifft Unternehmen, Verbraucher, den Staat, ja jede gesellschaftliche Gruppe.

- In allen Gruppen gibt es Opfer und Profiteure der Inflation. Zu den Opfern zählen die Inhaber von Barvermögen, Sparkonten, festen Einkommen, Lebensversicherungen und festverzinslichen Wertpapieren sowie Gläubiger. Zu den Profiteuren gehören Besitzer inflationsresistenter Assets wie Aktien und Immobilien sowie Schuldner.
- Unternehmen reagieren in sehr unterschiedlicher Weise auf ansteigende Kosten. Sie versuchen, diese in höheren Preisen weiterzugeben, was aber nur teilweise gelingt.
- Eine weitere Reaktion von Unternehmen besteht in Kostensenkungen. Sie fangen rund 20 Prozent des Kostenanstiegs ab.
- Ein gravierendes Manko bildet die fehlende Inflationserfahrung der heutigen Managergeneration. Denn ein dem jetzigen ähnelndes Inflationsszenario gab es zuletzt in den 1970er Jahren. Allerdings waren die Triebkräfte der Inflation damals andere als heute.

- Verbraucher mit niedrigen Einkommen und solche mit unvermeidbaren Ausgaben wie Pendler werden von der Inflation hart getroffen.
- Als Reaktion wenden Verbraucher Ausweichstrategien wie Nichtkauf, Substitution durch billigere Produkte, Inkaufnahme von Nutzenminderungen oder Erschließung zusätzlicher Einkommensquellen an.
- Einzelne Branchen treffen auf sehr unterschiedliche Reaktionen der Verbraucher auf die Inflation. Entsprechend unterschiedlich gestalten sich die Preiserhöhungsspielräume.
- Verbraucher können auch bei Ersparnissen sowie Beschäftigung und Einkommen zu Opfern der Inflation werden.
- Hinsichtlich ihres Preisverhaltens zeigen Verbraucher eine ambivalente Reaktion. Einerseits achten sie verstärkt auf Preise, um noch günstig einzukaufen, so dass die Preiselastizität steigt. Andererseits stören ständige Preisänderungen das Referenzpreissystem, so dass der Preis an Relevanz verliert.
- Als großer Schuldner profitiert der Staat von der Inflation. Das gilt auch für die Einnahmen aus Umsatz- und Einkommensteuer, bei der Einkommensteuer aufgrund der Progression sogar überproportional. Auf der anderen Seite entstehen aus der Inflation höhere Belastungen bei Renten, Sozialleistungen und Subventionen. Die Refinanzierung nach dem Auslaufen zinsgünstiger Anleihen kann enorme Mehrbelastungen bringen.

Kapitel 3

Agilität steigern

Inflation ist ein dynamisches Phänomen. Es geht nicht um statische Größen, sondern um Veränderungen von Kosten, Preisen und Verhaltensweisen. Inflationen kündigen sich nicht an, jedenfalls nicht mit dem genauen Zeitpunkt, sondern kommen überraschend. So stellt Georg von Wallwitz in seiner Analyse bereits für die Inflation von 1923 fest: »Die nächste Inflation wird aus einer Richtung kommen, aus der sie niemand erwartet.«[1] Bezüglich der aktuellen Inflation und deren Voraussehbarkeit gibt es ein gespaltenes Bild. Die Zentralbanken dehnten über Jahre die Geldmenge weiter aus und sorgten sich wenig um inflationäre Gefahren. Mario Draghis »Whatever it takes« wurde zum geflügelten Wort. Den seit Jahren anhaltenden Preis- und Kurssteigerungen in den Immobilien- bzw. Aktienmärkten schenkten sie wenig Beachtung. Sogar als die Preise im Laufe des Jahres 2021 schon anzogen, sprachen die Zentralbanker weiterhin von einem »temporären Phänomen«.

Schnellstart der Inflation

Hans-Werner Sinn hat in seiner Weihnachtsvorlesung am ifo-Institut im Dezember 2020 sinngemäß gesagt: »Wir wissen nicht, wann die Inflation kommt. Aber wenn sie kommt, dann kommt sie unerwartet und schnell.«[2] Genau das ist eingetreten. Die Schnelligkeit, mit der sich die aktuelle Inflation entwickelte, hat nahezu jeden überrascht. Hinsichtlich dieser Schnelligkeit zeigt sich eine erstaunliche Parallele zur Inflation der 1970er Jahre. Abbildung 3.1 stellt die Inflationsraten in den zwei Jahren vor Einsetzen der Inflation und in den zwei ersten Inflationsjahren für die 1970er und die 2020er Jahre dar. In beiden Fällen kann man von einem »Schnellstart der Inflation« sprechen.

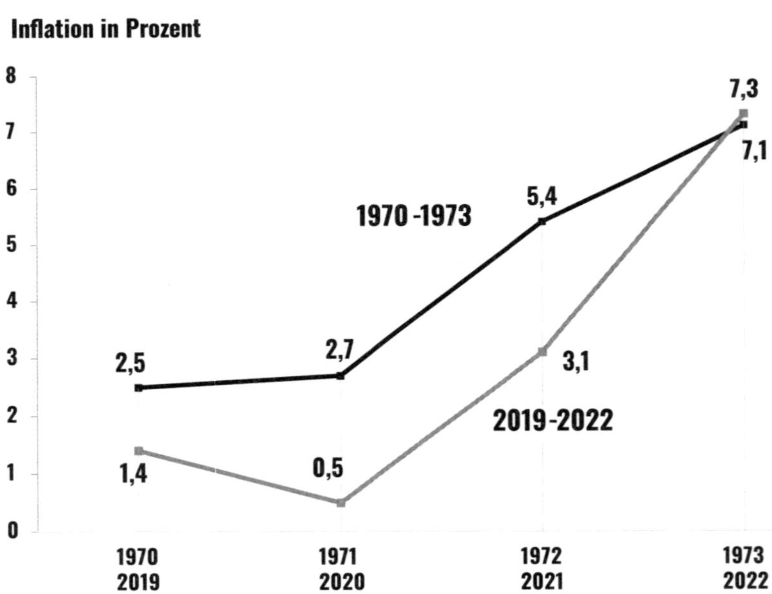

Abb. 3.1: Schnellstart der Inflation in den 1970er und den 2020er Jahren.
Quelle: eigene Darstellung.

Man darf wohl feststellen, dass alle Betroffenen, Unternehmen, Verbraucher, Staat und Zentralbank, von der Geschwindigkeit, mit der die Preise anzogen, überrascht wurden. Dabei gibt es wichtige Unterschiede in den Ursachen der beiden Inflationsphasen, im Hinblick sowohl auf die Prognostizierbarkeit als auch die weiteren Begleitumstände.

Die Inflation der 1970er Jahre wurde im Wesentlichen durch den Ölpreisschock in der Folge des Jom-Kippur-Krieges ausgelöst. Innerhalb weniger Monate stieg der Ölpreis von 3 Dollar auf 12 Dollar pro Barrel. Der zweite Ölpreisschock im Jahr 1978 trieb dann den Preis auf 37 Dollar pro Barrel hoch. Für den Verbraucher stieg der Preis für Normalbenzin von 60 Pfennig pro Liter im Jahr 1972 auf 84 Pfennig im Jahr 1974 (+ 40 Prozent) und auf 113 Pfennig pro Liter im Jahr 1980 (+ 86% gegenüber 1972). Energie fließt in alle Produktionsprozesse ein, so dass sich die Preise auf breiter Front erhöhten und eine Lohn-Preis-Spirale in Gang setzten. Im Jahr 1974 stiegen die Löhne um knapp 6 Prozent, im Durchschnitt der 1970er Jahre um rund 4 Prozent, ein Anstieg, der weit über den Produktivitätsverbesserungen lag und die Preise weiter anheizte. Während spätestens seit der Veröffentlichung des Buches *Die Grenzen des Wachstums* im Jahr 1972 ein langfristiger Anstieg der Ölpreise zu erwarten war, kam der Ölpreisschock 1973 in seiner Plötzlichkeit überraschend und war kaum vorhersehbar.[3]

Ganz anders stellen sich die Ursachen und die Vorhersehbarkeit der aktuellen Inflation dar. Die Hauptursache liegt ohne Zweifel in der Ausdehnung der Geldmenge, die mit der Finanzkrise 2008–2010 begann.[4] Die Geldmengenexpansion setzte sich in den Folgejahren kontinuierlich fort. Das galt lange vor der Covid-19-Pandemie, die aber einen weiteren starken Schub brachte. Bezüglich des Inflationstreibers Geldmenge kann von Überraschung keine Rede sein.

Inflationstreiber Geldmenge

Wie gravierend die Veränderung ist, zeigen wir anhand der Entwicklung der Geldmenge M1. Die Geldmenge M1 setzt sich aus den Sichteinlagen der Nichtbanken sowie dem gesamten Bargeldumlauf im Euro-Währungsgebiet zusammen. Mit dem Begriff Sichteinlagen werden alle Bankguthaben beschrieben, für die keine bestimmte Laufzeit oder Kündigungsfrist vereinbart wurde. Abbildung 3.2 zeigt die Entwicklung der Geldmenge M1 in der Eurozone von 2007 bis 2021. Sie ist in diesem Zeitraum um den Faktor 2,93 gestiegen. Dem steht lediglich ein Wachstum des Bruttoinlandsproduktes der Eurozone um den Faktor 1,3 gegenüber. Dass ein solches Ungleichgewicht Inflation erzeugen muss, steht außer Zweifel. Lediglich den Zeitpunkt, in dem die Inflation einsetzt, muss man als ungewiss akzeptieren.

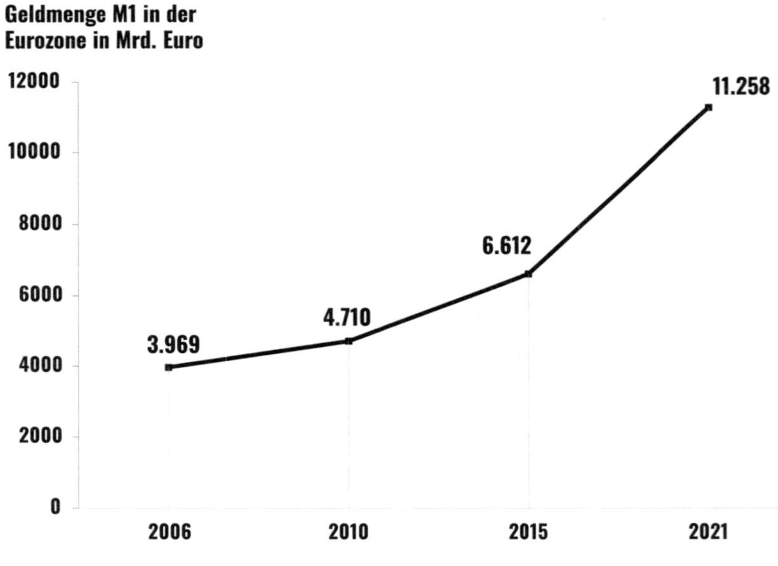

Abb. 3.2: Die Expansion der Geldmenge als Inflationstreiber.

Quelle: eigene Darstellung.

Auch der Einfluss von Faktoren wie Demografie oder der spätestens mit der Präsidentschaft Donald Trumps einsetzende Handelskonflikt zwischen den USA und China ließen sich voraussehen. Die Covid-19-Epidemie und der Ukraine-Krieg gehören hingegen zu den Schwarze-Schwan-Phänomenen, die niemand genau zu diesem Zeitpunkt prognostizieren konnte.

Deutlich schlechter als die gesamtwirtschaftliche Inflationsrate lassen sich Preisentwicklungen für einzelne Branchen oder gar Güter prognostizieren. Die Unmöglichkeit, den Ölpreis oder den Goldpreis zu prognostizieren, ist wohlbekannt. Selbst isolierte Ereignisse wie etwa die Blockade des Suezkanals durch ein aufgelaufenes Containerschiff, wie im März 2021 geschehen, Knappheiten bei einzelnen Rohstoffen oder bei Komponenten wie elektronischen Chips können inflationäre Tendenzen auslösen. Wie lange diese dann anhalten, hängt von der Dauer der Ursache ab. Im Falle der elektronischen Chips dürfte es mehrere Jahre dauern, bis die Fabriken gebaut sind, die den massiv erhöhten Bedarf der Autoindustrie befriedigen können. Im Rahmen von Kapazitätserhöhungen können die Preise dann auch wieder fallen.

Die offensichtliche Schlussfolgerung daraus, dass man generelle und erst recht spezielle Preisentwicklungen nicht bzw. nicht bezüglich des genauen Eintrittszeitpunktes prognostizieren kann, besteht darin, dass man sowohl bei der Informationsbeschaffung als auch in der Umsetzung schneller werden muss. Wenn sich Kosten und Preise ständig ändern, genügt es nicht, sich auf Quellen zu verlassen, die nur in größeren Zeiträumen, etwa monatlich, vierteljährlich oder gar jährlich, zur Verfügung stehen. Sondern man muss möglichst auf Real-Time-Informations- und Frühwarnsysteme abstellen. Das setzt digitale Informationssysteme voraus.

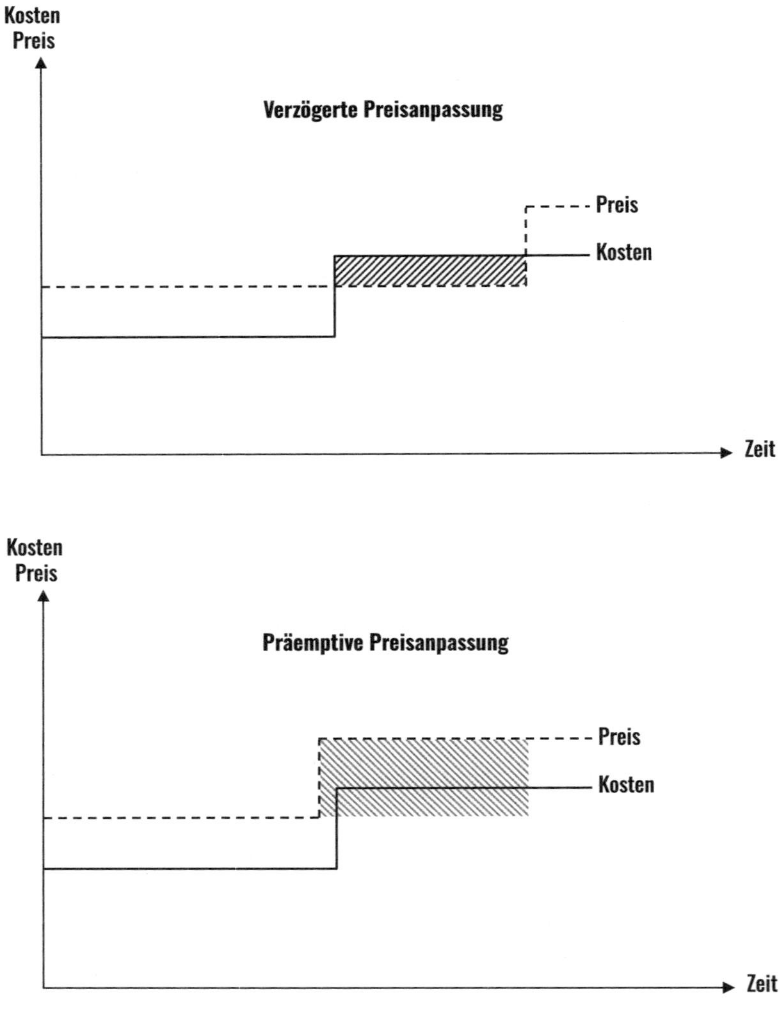

Abb. 3.3: Timing: verzögerte vs. präemptive Preisanpassung.

Quelle: eigene Darstellung.

Agilität und Timing

Agilität und Timing sind für die Umsetzung von Preiserhöhungen von entscheidender Bedeutung. Normalerweise brauchen solche Maßnahmen beträchtliche Zeit für Analyse, Entscheidung, Information des Außendienstes und Verhandlungen mit den Kunden. Unter inflationären Bedingungen kann man sich diesen Verzug nicht erlauben, sondern muss den Zeitbedarf für die Umsetzung massiv komprimieren. Man spricht auch von »agilen Preismodellen«. Das richtige Timing hat enormen Einfluss auf das Jahresergebnis. Ich erläutere diese Notwendigkeit anhand Abbildung 3.3.

Der obere Teil zeigt schematisch eine Anpassung des Preises nach erfolgter Kostenerhöhung. Bei geringen und seltenen Erhöhungen, also in einer Phase der Preisstabilität, richtet diese Politik keinen großen Schaden an. Bei hohen und häufigen Kostensteigerungen ist sie desaströs, denn der schraffierte Bereich geht an Gewinnbeitrag verloren. Zieht sich die verzögerte Anpassung mehrere Monate hin, so wird damit leicht das ganze Jahresergebnis zerstört. Im schlimmsten Fall führt die Verzögerung dazu, dass man temporär negative Deckungsbeiträge einfährt.

Präemptives Pricing

Ratsamer ist eine präemptive Preisanpassung (*preemptive pricing*), wie sie der untere Teil der Abbildung 3.3 schematisch zeigt. Der schraffierte Bereich illustriert den großen Unterschied im Deckungsbeitrag im Vergleich zur verzögerten Preisanpassung. Nun könnte man meinen, dass durch die Preisanpassung, die zeitlich vor der Kostensteigerung erfolgt, sogar ein Mehrdeckungsbeitrag gegenüber der bisherigen Situation entsteht. Das kann im nominalen Wert der Fall sein, aber aller Wahrscheinlichkeit nach nicht im realen Wert. Wenn man nicht nur den nominalen, sondern auch den realen, also inflationsbereinigten Gewinn verteidigen will, dann muss man den Preis entweder vor dem Kostenanstieg oder alternativ um einen höheren Betrag als den Kostenanstieg erhöhen.

Die Bedeutung der präemptiven Preisanpassung, idealerweise vor oder nahe an der Kostenerhöhung, darf auf keinen Fall unterschätzt werden. So schreibt mir der Aufsichtsratsvorsitzende eines der zehn größten deutschen Unternehmen: »In unserer Gremiumssitzung letzte Woche habe ich unserer Geschäftsführung den Rat gegeben, mit der Preisentwicklung vor die Kostenwelle zu kommen, um unsere Marge zu erhalten bzw. gerade in diesen Zeiten zu stärken. Das war doch genau in Deinem Sinne: ›Erhöht die Preise schneller‹. Diese Übereinstimmung hat mich gefreut.«[5] Auch Ram Charan betont diesen Aspekt: »In an inflationary period you must increase your speed of reaction to change. Those who react slowly or choose the wrong strategy and tactics will be weakened and may even go bankrupt.«[6]

Frequenz von Preisanpassungen

Eine weitere Frage ist, wie häufig man Preise anpassen soll beziehungsweise kann. Diesbezüglich ist eine Unterscheidung nach dem Preissystem sinnvoll. Betreibt man systematisches Dynamic Pricing, so erfolgen Preisanpassungen in kurzen Intervallen. Diese Intervalle können Sekunden, Minuten, Stunden oder auch Tage sein. In elektronischen Handelssystemen wie Trade Republic läuft quasi eine Preisuhr mit ununterbrochenen Änderungen. Um solche Systeme geht es hier nicht. Schematisch gesprochen, stelle ich vielmehr die Frage, ob man seine Preise beispielsweise in regelmäßigen, längeren Abständen oder eher ad hoc und häufiger anpasst. Bei Kosten- und Preisstabilität herrscht die erste Variante vor. In preisstabilen Zeiten werden die Preise zwischen Lebensmittelherstellern und -händlern üblicherweise in sogenannten Jahresgesprächen ausgehandelt und haben dann für ein Jahr Bestand. Ähnlich ist es bei längerfristigen Lieferverträgen im Industriegüterbereich.

Unter Inflationsbedingungen sind diese Methoden aus mehreren Gründen in Frage zu stellen. Inflation bedeutet normalerweise, dass sich Preise und Kosten nicht nur in größeren Zeitabständen, sondern ständig ändern. Die Kostenentwicklung vollzieht sich also nicht – wie in Abbildung 3.3 vereinfachend dargestellt – in einem größeren Sprung, sondern in vielen kleinen Sprüngen. Zum Zweiten macht eine seltene, beispielsweise jährliche Preiserhöhung einen großen Preissprung notwendig, dem die Kunden insbesondere im Industriebereich massiven Widerstand entgegensetzen und auf die Endverbraucher durch entsprechend starke Ausweichreaktionen reagieren, so dass beträchtliche Absatzverluste eintreten. Jedenfalls sind das die Wirkungen bei Gültigkeit einer Gutenberg-Preisabsatzfunktion, die eine geringe Preiselastizität bei kleineren Preisanpassungen und eine überproportional hohe Preiselastizität bei größeren Preiserhöhungen aufweist. Falls diese Annahmen gelten, ist es ratsamer, in kürzeren Zeitabständen mehrere kleinere Preiserhöhungen, statt in einem längeren Zeitabstand eine große Preiserhöhung durchzuführen. Abbildung 3.4 veranschaulicht diese Taktik. Die einmalige Preiserhöhung ist gepunktet, die schrittweisen Preiserhöhungen sind gestrichelt dargestellt.

Die schattierten Bereiche deuten die Unterschiede in den Deckungsbeiträgen an. Die schrittweisen Preiserhöhungen sind deutlich vorteilhafter. Der Abstand zwischen Kosten- und Preiskurve wird im Zeitablauf etwas größer. Das ist notwendig, um den realen, nicht nur den nominalen Gewinn zu verteidigen. Dazu sagte mir ein Bäckermeister, der mehrere Filialen betreibt:

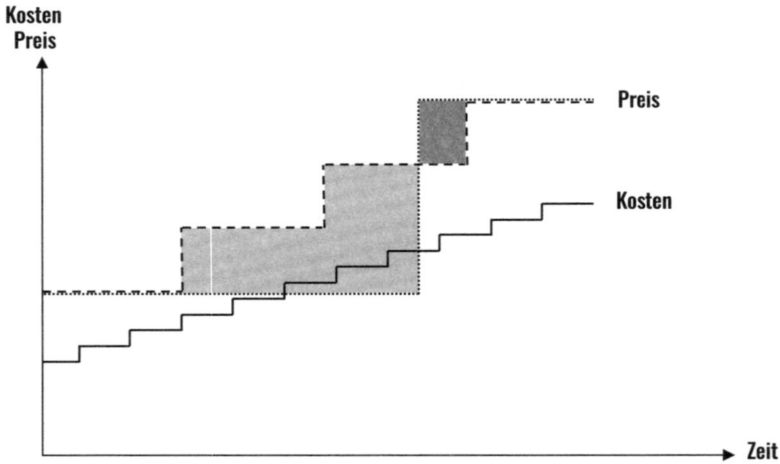

Abb. 3.4: Schrittweise vs. einmalige Preisanpassung.

Quelle: eigene Darstellung.

»Ich war in der Vergangenheit bei Kostensteigerungen zu zögerlich und habe die Preise immer zu spät erhöht. Durch die Verzögerung musste ich dann eine kräftige Preiserhöhung von zum Beispiel 50 Cent pro Brot durchführen. Das kam bei meinen Kunden überhaupt nicht gut an. Es wäre besser gewesen, wenn ich die Preise mehrmals um kleinere Beträge angehoben hätte. Das wäre keinem aufgefallen, und auch meinem Gewinn hätte es gut getan.« Diese Aussage eines bodenständigen Praktikers bestätigt unsere Überlegungen zur schrittweisen Preisanhebung. Auch in der Industrie beobachten wir mit dem Anziehen der Inflation eine höhere Frequenz von Preiserhöhungen. So heißt es zum Reifenhersteller Continental per Ende April 2022: »Conti hat sich mit entsprechenden Ansagen in diesem Jahr schon dreimal an seine Geschäftspartner gewandt, eine ungewöhnlich schnelle Taktung.«[7] Ob eine Durchsetzung mehrerer Preiserhöhungen in kürzeren Abständen gelingt, hängt von Branchengewohnheiten sowie der relativen Pricing Power von Anbieter und Kunde ab. Im Business-to-Costumer-Bereich dürfte das in der Regel einfacher sein als im Business-to-Business-Geschäft.

Zusammenfassung

Zeit und richtiges Timing sind im Kontext der Inflation von höchster Bedeutung. Folgende Punkte seien festgehalten:

- Der Beginn einer Inflation lässt sich schwer vorhersehen. Inflationen setzen oft unerwartet heftig mit einem Schnellstart ein.
- Ein frühzeitiges Verständnis vorhersehbarer Ursachen, die letztlich zu Inflation führen, kann sehr hilfreich sein. Ein Beispiel ist die seit Jahren fortschreitende Expansion der Geldmenge.
- Daneben gibt es inflationstreibende Ereignisse wie die Covid-19-Pandemie, die nicht vorhersehbar sind.
- Noch schwerer vorhersehbar als eine allgemeine Inflation sind Preisentwicklungen für einzelne Branchen oder gar Produkte. Für das Management sind solche speziellen Entwicklungen jedoch wichtiger als allgemeine Preistrends. Gegen diese Unvorhersehbarkeit hilft nur ein möglichst zeitnahes Informationssystem.
- Um gewinnschädigende Verzögerungen zu vermeiden, muss das Management für eine Erhöhung der Agilität und für richtiges Timing in der Umsetzung sorgen.
- Konkret geht es darum, mit Preisanpassungen »vor die Kostenwelle zu kommen«.
- Statt großer und seltener Preiserhöhungen sind bei kontinuierlich fortschreitender Inflation häufigere und jeweils angepasste Preiserhöhungen ratsam.

Kapitel 4

Gewinnwirkungen verstehen

Wir legen in diesem Buch die Annahme zu Grunde, dass sich ein Unternehmen gewinnorientiert verhält. Unter inflationären Bedingungen geht es also darum, den Gewinn zu verteidigen. Der Gewinnbegriff ist schillernd. Deshalb erkläre ich zunächst einige Gewinnbegriffe. Dann betrachten wir die Gewinnsituation deutscher Unternehmen. Sie beleuchtet die Ausgangslage und zeigt den Puffer gegenüber negativen Gewinnwirkungen der Inflation auf. Schließlich diskutieren wir andeutungsweise die Chancen der Gewinnverteidigung.

Gewinnbegriffe

In Literatur und Presse kursieren vielerlei Gewinnbegriffe. In Anlehnung an Wöhe definiere ich Gewinn als die Größe, die übrig bleibt, wenn das Unternehmen alle vertraglich vereinbarten Ansprüche von Mitarbeitern, Lieferanten, Banken, sonstigen Gläubigern und des Staates befriedigt hat.[1] Der so definierte Gewinn ist eine Residualgröße, die ausschließlich den Eigentümern gehört. Denn sofern alle Ansprüche von Dritten abgegolten sind, kann niemand weitere Forderungen gegen das Unternehmen erheben.

Doch die Realität ist leider komplizierter. Es gibt eine Vielzahl von Gewinndefinitionen, und es ist nicht übertrieben, von Verwirrung und partieller Irreführung zu sprechen. Wenn man über Gewinn redet, sollte man genau wissen, was gemeint ist, sonst wird man leicht hinters Licht geführt. Gewinn vor Zinsen und Steuern (EBIT), Gewinn vor Zinsen, Steuern, Abschreibungen und Amortisation (EBITDA) und noch abenteuerlichere Definitionen, die Aufwendungen für F&E, Marketing oder Kundenakquisition dem Gewinn zurechnen, sind zwar finanziell relevante Kenngrößen, aber keine Gewinne im oben definierten Sinne.

Nominaler vs. realer Gewinn

Unter dem Inflationsaspekt ist die Unterscheidung zwischen nominalem Gewinn und realem Gewinn bedeutsam. Als nominal bezeichnet man den Gewinn in laufenden Zahlen, als real den inflationsbereinigten Gewinn. Ein großes Risiko besteht darin, sich von den steigenden Nominalzahlen beeindrucken zu lassen. Dieses Phänomen bezeichnet man als »Geldillusion«.

Scheingewinn

Als Scheingewinn bezeichnet man die Differenz zwischen dem Gewinn, der aus dem Ansatz historischer Beschaffungskosten in der Gewinn- und Verlustrechnung entsteht, und dem Gewinn, der entstehen würde, wenn man Wiederbeschaffungskosten ansetzen würde. Die Ursache liegt darin, dass steuermindernde Abschreibungen nur auf die Anschaffungskosten zugelassen sind.

Problematisch ist, dass der Scheingewinn besteuert wird, obwohl er substanziell Werteverzehr darstellt.

Economic Profit

Einige Gewinnkonzepte orientieren sich nicht an den buchhalterischen, das heißt den tatsächlich angefallenen Kapitalkosten, sondern an den Opportunitätskosten des Kapitals. Diese Opportunitätskosten sind dabei definiert als die mit einer anderen Investition bei vergleichbarem Risiko erzielbare Rendite. Der sogenannte »Economic Profit« (auch Excess Profit, Übergewinn, ökonomischer Gewinn oder Residualgewinn genannt) misst, ob ein Geschäft mehr als die Opportunitätskosten des Kapitals verdient. Der Economic Profit ist die Differenz zwischen der bei vergleichbarem Risiko am Kapitalmarkt erzielbaren Rendite und der Rendite des Unternehmens. Eine zentrale Rolle für die Ermittlung des Economic Profit spielen die von den Kapitalgebern geforderten risikoadjustierten Mindestrenditen. Aus Sicht der Eigen- und Fremdkapitalgeber ist die Variable »Weighted Average Cost of Capital«, abgekürzt WACC (Gewichtete durchschnittliche Kosten des Kapitals) relevant. Wenn eine Firma 100 Millionen Euro Gesamtkapital hat, eine Gesamtkapitalrendite von 10 Prozent erwirtschaftet und die WACC 8 Prozent betragen, dann ergibt sich der Economic Profit als $100(0{,}1 - 0{,}08) = 2$ Millionen Euro. Das heißt das Unternehmen verdient 2 Millionen mehr als seine Kapitalkosten. Der Grundgedanke, die Opportunitätskosten des Kapitals als Vergleichsbasis zu verwenden, ist nicht neu, sondern geht auf einen Vorschlag von Alfred Marshall aus dem Jahr 1890 zurück.[2] Der gleiche Gedanke findet sich auch in der Kapitalwertmethode (Discounted Cash Flow, abgekürzt DCF) wieder. Der Economic Profit legt eine höhere

Messlatte an den Unternehmenserfolg. Mit in der Inflation steigenden Kapitalkosten wird es schwieriger, einen Economic Profit zu erzielen.

Gewinn als Kosten

Hinter dem Ziel der Gewinnmaximierung marktwirtschaftlicher Unternehmen steht oft die implizite Zielsetzung, das Überleben des Unternehmens zu sichern. Peter Drucker bringt die Schlüsselrolle des Gewinns zur Erreichung dieses Ziels wie folgt zum Ausdruck: »Profit is a condition of survival. It is the cost of the future, the cost of staying in business.«[3] Gewinne kann man demnach als »Kosten des Überlebens« interpretieren. Wer die Zukunft des Unternehmens sichern will, muss diese »Überlebenskosten« genauso einkalkulieren und verdienen wie alle übrigen Kosten.[4] Im Hinblick auf Planung und Steuerung darf Gewinn also keineswegs als Residualgröße, die hoffentlich ein positives Vorzeichen hat, oder als »nice to have«-Aspekt eines Geschäftes angesehen werden, sondern sollte wie eine zu deckende Kostenposition von vornherein in die Kalkulation eingehen. Gewinn wird auf diese Weise zur Stellvertretervariablen für die Überlebensfähigkeit eines Unternehmens. Und von der Inflation gehen Gefahren für diese Überlebensfähigkeit aus. Dazu betrachten wir als Ausgangspunkt die Gewinnlage deutscher Unternehmen.

Gewinnlage

Welchen Gewinnpuffer haben deutsche Unternehmen gegenüber gewinnmindernden Wirkungen der Inflation? Vor mehr als

20 Jahren habe ich Deutschland in einem *Spiegel*-Interview als »Servicewüste« bezeichnet. Diesen Terminus kann man durchaus auf die Gewinnsituation deutscher Unternehmen übertragen und von Deutschland als »Gewinnwüste« sprechen. Dies bedeutet selbstverständlich nicht, dass es hierzulande keine profitablen oder hochprofitablen Unternehmen gibt. Aber im Schnitt und im internationalen Vergleich weisen deutsche Unternehmen erhebliche Gewinnschwächen auf.

Abbildung 4.1 stellt die Nettoumsatzrenditen deutscher Unternehmen für die Jahre 2003 bis 2019 dar:[5]

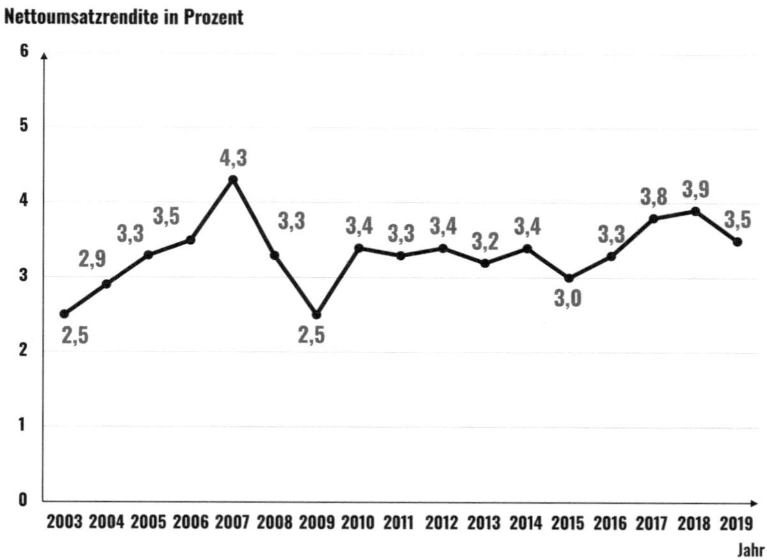

Abb. 4.1: Nettoumsatzrenditen deutscher Unternehmen 2003 bis 2019.
Quelle: Bundesbank, entnommen aus www.deutschlandinzahlen.de

Über die betrachteten 17 Jahre ergibt sich ein Mittelwert von 3,3 Prozent. Das heißt von 100 Euro Umsatz bleiben dem Unternehmen nur 3,30 Euro als Nettogewinn, mit dem es seine Ka-

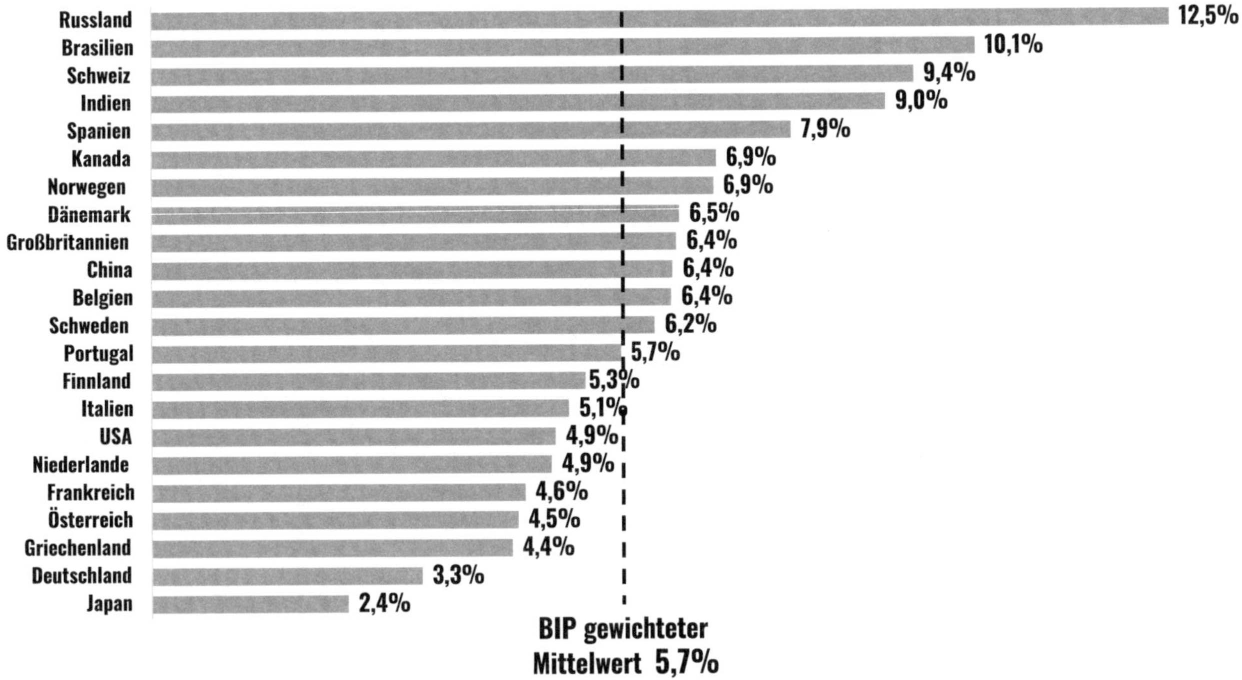

Abb. 4.2: Nettoumsatzrenditen in OECD-Ländern (8 Jahre).

Quelle: eigene Darstellung.

pital-, Risiko- und Zukunftskosten abdecken muss. Es sei angemerkt, dass es sich hierbei um den nominalen Gewinn handelt. Bemerkenswert ist die geringe Schwankungsbreite der Renditen. Die deutschen Unternehmen weisen unabhängig von Konjunkturzyklen niedrige, allerdings ziemlich gleichmäßige Gewinnspannen auf. Diese Verhältnisse sorgen für ein eher langweiliges Börsenklima und tragen insofern auch zur Erklärung der niedrigen Marktkapitalisierung börsennotierter Aktiengesellschaften in Deutschland bei.

Betrachten wir nun die reale, also inflationsbereinigte Rendite. Die durchschnittliche jährliche Inflationsrate lag im Zeitraum von 2003 bis 2019 bei 1,43 Prozent. Zieht man von der nominalen Durchschnittsrendite über die 17 Jahre von 3,3 Prozent diese Inflationsrate von 1,43 Prozent ab, dann bleibt eine reale Nettoumsatzrendite von 1,87 Prozent übrig.

Zum Economic Profit, also dem Gewinn, der die durchschnittlichen Kapitalkosten übersteigt und damit »echter unternehmerischer« Gewinn ist, kann ich keine präzise quantitative Aussage machen, da die Kapitalkosten der Unternehmen nicht bekannt sind. Natürlich lagen diese Kapitalkosten in den Zeiten niedriger Inflation, die mit niedrigen Zinsen einhergingen, unterhalb des längerfristigen Niveaus. Ich wage gleichwohl die Aussage, dass ein Großteil der deutschen Unternehmen, sicherlich mehr als die Hälfte, die Kapitalkosten nicht verdient und damit keinen Economic Profit erzielt.

Einen weiteren Einblick erhält man durch einen internationalen Vergleich. Abbildung 4.2 zeigt die Nettoumsatzrenditen von Unternehmen aus den OECD-Ländern.[6] Im Schnitt erreichen die Unternehmen in den OECD-Ländern über den betrachteten Achtjahreszeitraum eine Nettoumsatzrendite von 5,7 Prozent. Deutsche Unternehmen rangieren mit 3,3 Prozent an vorletzter Stelle. Dieser Wert ist identisch mit dem Mittelwert von 3,3 Prozent für die Jahre 2003 bis 2019 aus Abbildung 4.1. Im Vergleich zu Firmen aus den anderen OECD-Ländern schneiden deutsche Firmen nachhaltig schlecht ab. Schweizerische Firmen erzielen fast die dreifache Rendite der deutschen. Dabei spielen natürlich die niedrigeren Schweizer Steuern eine Rolle. Die Unternehmen in Großbritannien lieferten eine Nettoumsatzrendite von 6,4 Prozent ab, die aus USA 4,9 Prozent. Selbst französische Unternehmen übertrumpften ihre deutschen Pendants mit 4,6 Prozent Nettoumsatzrendite, das sind 39 Prozent mehr. Nur in Japan lag die durchschnittliche Rendite über die acht Jahre mit 2,3 Prozent niedriger als in Deutschland.

Alle vorangehenden Überlegungen deuten darauf hin, dass die Puffer gegen inflationsinduzierte Gewinnrisiken in Deutschland ausgesprochen dünn sind. »Auf einem niedrigen Niveau des Ertrages wird aus einem nominalen Gewinn ein realer Verlust«, sagt dazu Willi Koll.[7] Ist die Rendite hingegen hoch, dann bildet die Inflation ein geringeres Problem. Es wird für viele Firmen in Deutschland sehr schwierig, bei höheren Inflationsraten die Gewinnlinie zu verteidigen. Dabei rede ich nicht einmal von Realgewinnen oder gar von Economic Profit. Bei diesen Kriterien ist die Luft noch weitaus dünner.

Gewinnverteidigung

Um die Chancen der Gewinnverteidigung abzuschätzen, stelle ich einige einfache Modellüberlegungen an. Der Gewinn ist wie folgt definiert:

$$\text{Gewinn} = (\text{Preis} \times \text{Menge}) - \text{Kosten}$$

Die Gewinnformel zeigt, dass es letztlich nur drei Gewinntreiber gibt: Preis, Absatzmenge und Kosten. Die Kosten können weitergehend in fixe und variable Bestandteile aufgespalten werden. Das folgende Zahlenbeispiel hat eine für industriell gefertigte Produkte und auch für viele Dienstleistungen typische Struktur. Der Preis betrage 100 Euro und die Absatzmenge liege bei 1 Million Stück. Die Fixkosten sollen 30 Millionen Euro, die variablen Stückkosten 60 Euro betragen. Es werden also ein Umsatz von 100 Millionen Euro und ein Gewinn vor Steuern von 10 Millionen Euro erzielt. Die Umsatzrendite vor Steuern liegt demnach bei 10 Prozent. Zieht man 30 Prozent Unternehmenssteuer ab, dann ergibt sich eine Nettoumsatzrendite von 7 Prozent. Das ist gut das Doppelte des tatsächlichen deutschen Durchschnitts, also eine im Vergleich sehr komfortable Ausgangsbasis.

Was passiert nun, wenn die Kosten im Zuge der Inflation um 10 Prozent steigen, es aber nicht gelingt, den Preis anzuheben? Die Fixkosten erhöhen sich auf 33 Millionen Euro und die variablen Kosten auf 66 Millionen Euro. In der Summe bringt die Inflation eine Kostensteigerung von 9 Millionen Euro. Wenn es nicht gelingt, die Kostenerhöhung auf die Kunden zu überwälzen und der Preis nicht erhöht werden kann, ergibt sich bei unveränderter Absatzmenge von 100 Millionen Einheiten nach wie vor ein Umsatz von 100 Millionen Euro, der Gewinn sinkt jedoch von 10 auf 1 Million Euro. Die Kosteninflation führt zu einem dramatischen Gewinnrückgang von 90 Prozent. Der reale, inflationsbereinigte Gewinn fällt auf 0,9 Millionen. Das ist der Fall, wenn keinerlei Überwälzung der Kosten gelingt.

Um wieviel Prozent müsste man den Preis erhöhen, um den Gewinn konstant zu halten? Die notwendige Preiserhöhung hängt von der Reaktion der Absatzmenge ab. Wir nehmen in diesem Kapitel vereinfachend an, dass der Absatz trotz Preiserhöhung unverändert bleibt. Unter diesen Annahmen wäre eine Preiserhöhung von 9 Prozent auf 109 Euro notwendig, um den nominalen Gewinn zu verteidigen. Die Kostensteigerung würde in absoluter Höhe an die Kunden weitergereicht. Der Umsatz stiege auf 109 Millionen Euro, so dass nach Abzug der Fixkosten von 33 Millionen Euro und der variablen Kosten von 66 Millionen Euro ein Gewinn von 10 Millionen Euro resultierte. Der nominale Gewinn wird verteidigt, allerdings fällt der reale Gewinn um 10 Prozent auf 9 Millionen Euro. Um den realen Gewinn zu verteidigen, müsste man den Preis um 10 Prozent auf 110 Euro erhöhen, also den Kostenanstieg prozentual voll an die Kunden überwälzen. Dann würden ein nominaler Gewinn von 11 Millionen und ein realer Gewinn von 10 Millionen Euro resultieren. Die Verteidigung des realen Gewinns wäre gelungen.

Wie realistisch ist die Annahme, dass die Absatzmenge auf eine Preiserhöhung von 9 bzw. 10 Prozent nicht reagiert, die Preiselastizität also gleich Null ist? Das hängt unter anderem vom Verhalten der Konkurrenten ab. Doch selbst wenn alle Konkurrenten mitziehen, ist eine Preiselastizität der Gesamtnachfrage von Null bei einer Preiserhöhung in dieser Größenordnung wenig realitätsnah. So sagt zum Beispiel REWE, »dass auch Einzelhändler auf eine gewisse Gewinnspanne verzichten müssen, REWE habe schon einen dreistelligen Millionenbetrag (sprich Gewinnverzicht, Anmerkung von mir) zur Preisstabilisierung investiert.«[8] Den komplizierteren Fall mit realitätsnäheren Werten der Preiselastizität behandeln wir in Kapitel 5 im Zusammenhang mit der Frage, wie die Inflation den optimalen Preis beeinflusst. Das hier dargestellte Zahlenbeispiel deutet an, dass es unter inflationären Bedingungen sehr schwer werden kann, das nominale, geschweige denn das reale Gewinnniveau zu verteidigen. In der Ausgangssituation dieses Beispiels liegt die Umsatzrendite nach Steuern bei 7 Prozent. Trotz dieser komfortablen Gewinnsituation ist es schwierig, mit Einsetzen von Inflation ein auskömmliches Gewinnniveau zu verteidigen. Denn ob sich eine Preiserhöhung von 9 oder 10 Prozent in der Praxis durchsetzen lässt, ist mehr als fraglich. Für die weitaus meisten deutschen Unternehmen liegen die Nettoumsatzrenditen jedoch deutlich unter 7 Prozent, so dass der Puffer gegen den inflationären Druck sehr viel dünner ist. Das gilt noch stärker für die Erreichung eines Economic Profit, den viele Unternehmen bisher schon nicht schaffen.

Zusammenfassung

Mit dem Einsetzen der Inflation erlangt die Gewinnverteidigung hohe Priorität.

- Unter Gewinn verstehen wir nur das, was das Unternehmen nach Erfüllung aller Verpflichtungen behalten darf. EBIT und EBITDA sind in diesem Sinne kein Gewinn.
- In der Inflation ist die Unterscheidung zwischen nominalem und realem Gewinn entscheidend. Letztlich sollte es um die Verteidigung des realen Gewinnes gehen. Geldillusion ist zu vermeiden.
- Scheingewinne entstehen dadurch, dass Abschreibungen auf Basis historischer Anschaffungswerte erfolgen. Scheingewinne sind steuerpflichtig, so dass eine Finanzierungslücke bei Neuinvestitionen von Anlagegütern klafft.
- Der Economic Profit, der über die Kapitalkosten hinausgehende Gewinn, kann als »echter unternehmerischer« Gewinn verstanden werden.
- Gewinne kann man als »Kosten des Überlebens« interpretieren.
- Die Gewinnlage deutscher Unternehmen ist absolut und im internationalen Vergleich sehr schwach. Über viele Jahre wurde nur eine Nettoumsatzrendite von 3,3 Prozent erzielt, während der Durchschnitt in den OECD-Ländern bei 5,7 Prozent lag.
- Die reale Nettoumsatzrendite deutscher Unternehmen in den Jahren 2003–2019 lag bei 1,87 Prozent.

- Die weitaus meisten deutschen Unternehmen haben trotz niedriger Kapitalkosten in der jüngeren Vergangenheit keinen Economic Profit erzielt.
- Eine einfache Modellrechnung illustriert, dass es selbst bei Annahme einer Preiselastizität von Null schwierig ist, das Gewinnniveau zu verteidigen.
- Stellt man diesen Konsequenzen die Gewinn-Ausgangslage deutscher Unternehmen gegenüber, so ergibt sich ein sehr geringer Puffer gegen die Inflation.

Kapitel 5

Preise inflationsgerecht optimieren

Gerade in der Inflation muss man die Bestimmungsgrößen des optimalen Preises verstehen. Denn es gilt zu vermeiden, unüberlegt naive Pricing-Methoden wie die Kosten-plus-Preisbildung anzuwenden, die Kostensteigerung also unbedacht an den Kunden zu überwälzen. In diesem Buch kann das Thema Preisoptimierung nicht umfassend und tiefgründig behandelt werden. Diesbezüglich sei auf mein Buch *Preisheiten* und auf das Lehrbuch *Preismanagement* verwiesen.[1] Wir beschränken uns hier auf grundlegende Darstellungen, die direkten Inflationsbezug haben und für den Umgang mit der Inflation hilfreich sind.

Die Einflussfaktoren auf den Preisspielraum sind in Abbildung 5.1 veranschaulicht. Kundennutzen und Wettbewerbspreise definieren die Preisobergrenze, wobei die schärfere dieser beiden Restriktionen zählt. In beiden Fällen handelt es sich nicht um eine scharfe Grenze, sondern eher um eine Grenzzone. Die Kosten des Unternehmens bestimmen die Untergrenze für den Preis. Kurzfristig sind dies die variablen Stückkosten und langfristig die gesamten Stückkosten. Unternehmensziele und rechtliche Beschränkungen können die Preisobergrenze und -untergrenze in beide Richtungen verschieben.

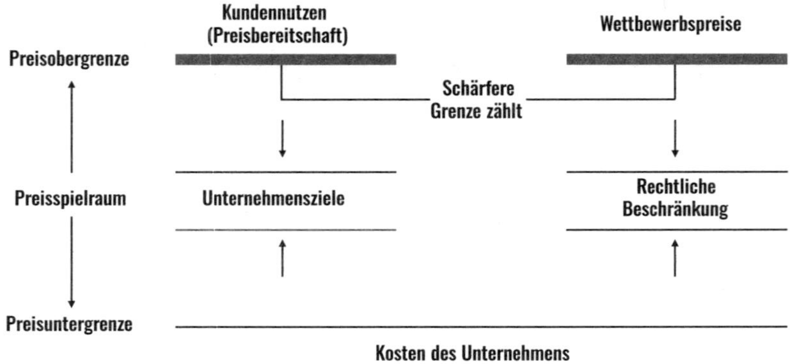

Abb. 5.1: Einflussfaktoren auf den Preisspielraum.

Quelle: eigene Darstellung.

Die Inflation kann folgende Veränderungen dieser Einflussfaktoren bewirken:

1. Anstieg der Kosten mit der Folge, dass die Preisuntergrenze steigt.
2. Mit dem Anstieg der Kosten erhöht sich auch der optimale Preis.
3. Nicht generell zu beurteilen ist die Veränderung der Preisbereitschaft. Ändert sich der wahrgenommene Nutzen nicht, so dürfte auch die Preisbereitschaft unverändert bleiben. Akzeptiert der Kunde die Unvermeidbarkeit von Preiserhöhungen, so entsteht eine höhere Preisbereitschaft. Gibt es Engpässe bei der Kaufkraft des Kunden, so kann die Preisbereitschaft sinken. Das Verhältnis von Änderung der Preisbereitschaft und Änderung der Kosten bestimmt, ob eine Gewinnklemme entsteht. Steigende Kosten und unveränderte oder gar sinkende Preisbereitschaft bringen ein Unternehmen in eine gefährliche Situation. In der Inflation ist die Kenntnis der Veränderung der Preisbereitschaft essenziell, denn sie ist der letztlich dominierende Faktor für die Preissetzung.

4. Wettbewerbspreise und die Reaktion der Wettbewerber gewinnen höhere Bedeutung als unter preisstabilen Umständen. Ziehen die Wettbewerber mit, so gelingt eine Preiserhöhung für alle. Tun sie dies nicht oder nur mit Verzögerung, dann wird es schwierig. Übernimmt einer der Wettbewerber die Rolle des Preisführers und geht voran, dann erleichtert dies die Anpassung für die Folgenden.

Verhandelte und feste Preise

Für unsere Überlegungen zum Preismanagement unter Inflationsbedingungen ist die Unterscheidung zwischen verhandelten und festen Preisen sehr wichtig. Unter verhandelten Preisen verstehen wir solche, die durch eine Einigung zwischen Verkäufer und Käufer zu Stande kommen. Bei festen Preisen setzt hingegen eine Seite den Preis fest und die Gegenseite entscheidet, ob und wieviel sie zu diesem Preis kauft bzw. verkauft. In der Realität überwiegen verhandelte Preise. So gaben in einer Studie 70 Prozent der befragten Unternehmen an, dass sie ihre Preise mit den Kunden verhandeln.[2] Im Industriegeschäft sind verhandelte Preise der Regelfall. In Verbrauchermärkten dominieren hingegen feste Preise. Aber auch das Gegenteil kommt vor. Kleinere Unternehmen kaufen Büromaterial oder Kleinteile ähnlich wie Verbraucher zu Festpreisen ein, während große Firmen auch für solche C-Produkte Rahmenverträge abschließen. Umgekehrt verhandeln Verbraucher bei größeren Anschaffungen etwa dem Erwerb einer Wohnung, dem Bau eines Hauses oder dem Autokauf. Hingegen bilden Preisverhandlungen von Verbrauchern im Supermarkt oder in der Apotheke die Ausnahme. Grundsätzlich ist es in der Marktwirtschaft dem Verbraucher jedoch unbenommen, mit dem Verkäufer in Preisverhandlungen einzutreten.

Und bei Gebrauchsgütern wie teurer Kleidung, Haushaltsgeräten oder handwerklichen Dienstleistungen kann sich das durchaus lohnen. Ein wirksamer Trick ist, zunächst die Zahlung per Kreditkarte anzubieten und dann gegen einen Nachlass Barzahlung zu offerieren.

Welche Implikationen ergeben sich aus den beiden Situationen – verhandelter oder fester Preis – im Hinblick auf die Inflation? Bei Verhandlungen geht es primär darum, welche Preiserhöhung der Verkäufer durchsetzen kann. Entsprechende Aufmerksamkeit und Energie stecken Anbieter deshalb in Verhandlungen. Die Rolle des Verhandlers, das ist in der Regel der Vertrieb, wird äußerst bedeutsam. Beim Käufer liegen zwei Entscheidungen, zum einen, welchen Preis er akzeptiert, zum zweiten, welche Menge er zu diesem Preis abnimmt. Beim Festpreis bleibt dem Käufer hingegen nur die zweite Entscheidung, nämlich die Abnahmemenge. Der grundsätzliche Zusammenhang zwischen Preis, Absatz und Gewinn gilt in beiden Situationen. Das bedeutet, dass es für den Verkäufer nicht optimal sein muss, in den Verhandlungen einen möglichst hohen Preis zu erzielen. Das ist nur sinnvoll, wenn die Absatzmenge vorher feststeht. Führt ein höherer Preis hingegen dazu, dass der Kunde weniger abnimmt, kann eine Gewinneinbuße entstehen. Sowohl im Industrie- wie im Verbrauchergeschäft kommt es also auf die Reaktion der Käufer auf den Preis oder, mit anderen Worten, auf die Preiselastizität an.

Variierende Inflationsrate und Nettomarktposition

Die Betrachtung gesamtwirtschaftlicher Preissteigerungsraten verdeckt die Sicht dafür, dass Inflation einzelne Branchen und Unternehmen in sehr unterschiedlicher Weise trifft. So hat die

Telekommunikationsbranche in Deutschland in einem Zehnjahreszeitraum zwar eine nominelle Umsatzsteigerung von 5 Prozent erreicht (über die gesamte Dekade wohlgemerkt). Bereinigt man um die Inflation, so ist aufgrund der stark gesunkenen Telekommunikationspreise real allerdings ein Rückgang von 10 Prozent zu verzeichnen – trotz zahlreicher Innovationen und erheblich verbesserter Leistungen. Die Branche hat es also nicht geschafft, ihre Preise mit der Inflationsrate zu erhöhen. Hingegen ist die deutsche Automobilindustrie im selben Zehnjahreszeitraum nominal um 30 und real um 11 Prozent gewachsen. Sie war in der Lage, ihre Preise aufgrund verbesserter Leistungen stärker als die Inflationsrate zu steigern. In einer Global Pricing Study von Simon-Kucher & Partners, bei der 3 904 Manager und Managerinnen weltweit befragt wurden, sagten je etwa ein Drittel, dass sie ihre Preise unter der Inflationsrate, bei dieser oder über dieser erhöht haben.[3] Das bedeutet, dass einzelne Unternehmen und Branchen sehr unterschiedlich von der Inflation betroffen sind. Die einen ziehen Vorteile aus inflationären Tendenzen, die anderen müssen reale Preisrückgänge in Kauf nehmen.

Inflation hat Auswirkungen auf die Absatzpreise und auf die Beschaffungspreise, also die Kosten. Für die Gewinnsituation eines Produktes oder eines Unternehmens ist entscheidend, wie sich die Differenz zwischen Kosten und Preisbereitschaft der Kunden im Zeitablauf entwickelt. Diese Differenz, die man als »Nettomarktposition« bezeichnet, ist ein Maß dafür, inwieweit das Unternehmen die empfangene Preissteigerung überwälzen konnte und inwieweit sie zulasten des eigenen Ergebnisses absorbiert werden muss.

Gewinnwirkungen

In Kapitel 4 wurde die Gewinnwirkung einer zehnprozentigen Kostensteigerung illustriert und dabei angenommen, dass der Absatz nicht auf Preiserhöhungen reagiert. Im Folgenden behandeln wir den realitätsnäheren Fall mit negativ geneigter Preisabsatzfunktion. Wir verwenden dieselben Daten wie in Kapitel 4 für die Ausgangssituation, also variable Stückkosten von 60 Euro und Fixkosten von 30 Millionen Euro. Wir unterstellen eine lineare Kostenfunktion, so dass die variablen Stückkosten mit den Grenzkosten identisch sind. Um die Wirkung der Inflation auf den optimalen Preis zu erklären, verwenden wir die folgende Preisabsatzfunktion:

$$q = 3\,500 - 25\ p$$

Die Absatzmenge q wird hier in 1 000er Einheiten ausgedrückt, der Preis p in Euro.

Lineare Preisabsatz- und Kostenfunktion bilden den einfachsten möglichen Fall, um die Gewinnwirkungen der Inflation und die Folgen für den optimalen Preis darzustellen. Dennoch sind die Effekte nicht ganz einfach zu durchschauen. Deshalb rate ich dringend, sich mit den folgenden Zusammenhängen vertraut zu machen, um die Wirkungen wirklich zu verstehen. Die Realität ist natürlich komplizierter, aber die Modellbetrachtung ist für das grundlegende Verständnis hilfreich. Abbildung 5.2 stellt die Situation dar.

Die Preisabsatzfunktion schneidet die Preisachse bei 140 Euro. Das ist der höchste Preis, den die Kunden zu zahlen bereit sind, denn bei diesem Preis fällt der Absatz auf null. Dieser Preis heißt Maximalpreis. Der Maximalpreis ist bei linearer Preisabsatzfunktion das Maß für die Preisbereitschaft der Kunden. Die

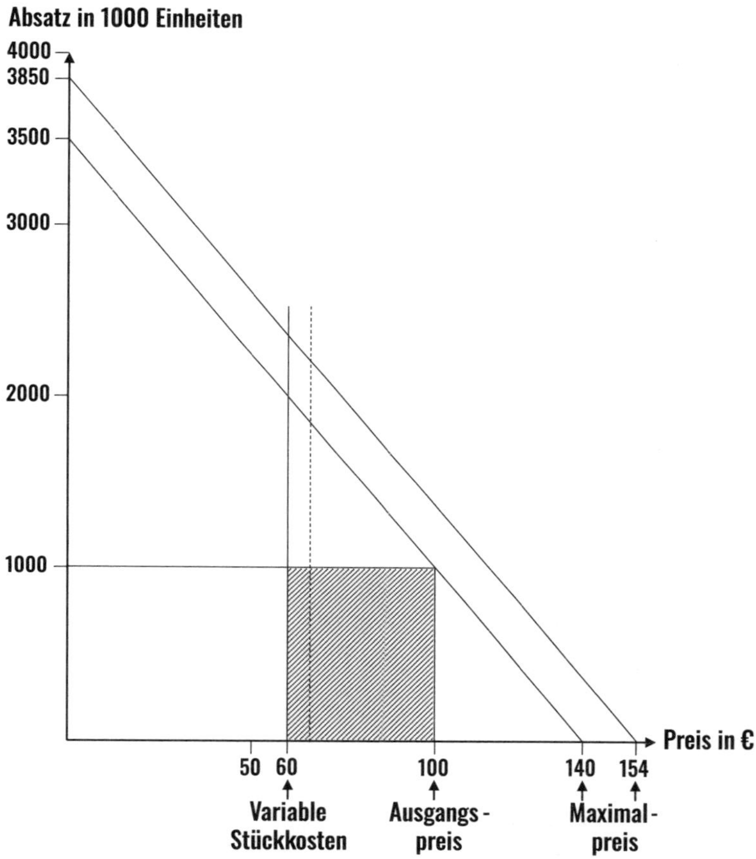

Abb. 5.2: Preis, Kosten, Absatz und Gewinn.

Quelle: eigene Darstellung.

Maximalabsatzmenge, die bei einem Preis von Null zu Stande käme, beträgt 3,5 Millionen Einheiten (= 3 500 Tausendereinheiten). Bei linearer Preisabsatz- und Kostenfunktion liegt der gewinnmaximierende Preis genau in der Mitte zwischen dem Maximalpreis von 140 Euro und den variablen Stückkosten von 60 Euro, also bei 100 Euro.[4] Bei diesem Preis werden 1 Million

(= 1 000 Tausendereinheiten) abgesetzt, es ergibt sich ein Umsatz von 100 Millionen Euro sowie ein Deckungsbeitrag von 40 Millionen Euro, der durch das schraffierte Rechteck symbolisiert wird. Nach Abzug der Fixkosten von 30 Millionen Euro erhält man den Gewinn von 10 Millionen Euro. Dieses Ausgangsszenario ist identisch mit dem in Kapitel 4 beschriebenen und wie in Abbildung 5.3 mit A bezeichnet. Wir betrachten verschiedene Szenarien. In allen steigen die Kosten um 10 Prozent, aber die Preisbereitschaft der Kunden und der jeweils gesetzte Preis variieren. Die nachfolgend beschriebenen Szenarien lassen sich anhand von Abbildung 5.2 leicht nachvollziehen. Ich habe bewusst darauf verzichtet, die einzelnen Szenarien in der Abbildung darzustellen, da das zu Unübersichtlichkeit geführt hätte. Numerisch sind sie in Abbildung 5.3 aufgeführt.

Szenario B: Die Kosten steigen um 10 Prozent, und zwar sowohl die variablen als auch die Fixkosten. Die höheren variablen Stückkosten sind als gestrichelte Linie in Abbildung 5.2 eingetragen. Die Preisbereitschaft der Kunden ändert sich nicht, das heißt der Maximalpreis bleibt bei 140 Euro. Der Anbieter kann keinen höheren Preis durchsetzen, weil es ihm zum Beispiel an Pricing Power fehlt. Folglich verändert sich auch der Umsatz nicht. Der Deckungsbeitrag sinkt auf 34 Millionen, so dass nach Abzug der Fixkosten, die in diesem und den weiteren Szenarien auf 33 Millionen Euro steigen, ein Gewinn von 1 Million verbleibt. Die Kostenerhöhung von 10 Prozent führt im Szenario B beim Deckungsbeitrag zu einem Rückgang von 60 Prozent und beim Gewinn von 90 Prozent.

Szenario C: Die Kosten steigen um 10 Prozent, Preisbereitschaft und Maximalpreis der Kunden bleiben unverändert bei 140 Euro. Der Kostenanstieg von 10 Prozent wird aber prozentual voll im Preis weitergereicht, so dass dieser auf 110 Euro

	Szenario	Preis €	Absatz (Tausender-Einheiten)	Umsatz Mio. €	Variable Kosten Mio. €	Deckungs-beitrag Mio. €	Fix-kosten Mio. €	Gewinn Mio. €
A	Ausgangssituation	100	1000	100	60	40	30	10
B	Kosten +10% Maximalpreis konstant Preis konstant	100	1000	100	66	34	33	1
C	Kosten +10% Maximalpreis konstant Preis +10%	110	750	82,5	49,5	33	33	0
D	Kosten +10% Maximalpreis konstant Preis optimiert	103	925	95,3	61	34,3	33	1,3
E	Kosten +10% Maximalpreis +5% Preis optimiert	106,5	1012,5	107,8	66,8	41	33	8
F	Kosten +10% Maximalpreis +10% Preis optimiert	110	1100	121	72,6	48,4	33	15,4

Abb. 5.3: Vergleich unterschiedlicher Szenarien bei Kostenanstieg von 10 Prozent.

Quelle: eigene Darstellung.

steigt. Der Absatz bricht um 25 Prozent auf 750 000 Einheiten (750 Tausendereinheiten) ein, der Umsatz geht auf 82,5 Millionen Euro zurück. In der Folge sinkt der Deckungsbeitrag auf 33 Millionen Euro und der Gewinn auf null. Diesem Szenario liegt eine Preiselastizität von -2,5 zu Grunde. Das ist ein sehr realistischer, keineswegs übertriebener Wert. Die Preiselastizität ist das Verhältnis von prozentualer Absatzänderung zu prozentualer Preisänderung. Da die beiden Änderungen umgekehrte Vorzeichen haben, ist die Preiselastizität negativ. Meistens wird aber der absolute Wert betrachtet. Absolut höhere Preiselastizität bedeutet stärkere Absatzreaktion. Wenn man im Beispiel den Preis statt prozentual um den absoluten Anstieg der variablen Stückkosten in Höhe von 6 Euro auf 106 Euro erhöht, resultiert wie in Szenario B ein Gewinn von 1 Million Euro.

Szenario D: Kosten und Preisbereitschaft (Maximalpreis) sind dieselben wie in Szenario C, allerdings wird der Preis gewinnoptimiert. Er liegt in der Mitte zwischen den gestiegenen variablen Stückkosten von 66 Euro und dem unveränderten Maximalpreis von 140 Euro, also bei 103 Euro. Der Kostenanstieg wird nur zur Hälfte weitergegeben. Es resultiert ein Gewinn von 1,3 Millionen Euro. Das entspricht einem Gewinneinbruch von 87 Prozent.

Szenario E: Die Kosten steigen um 10 Prozent, aber im Unterschied zu den vorherigen Szenarien steigt auch die Preisbereitschaft um 5 Prozent. Der Maximalpreis liegt also bei 147 Euro. Der gewinnoptimale Preis beträgt 106,5 Euro. Es resultiert ein Gewinn von 8 Millionen Euro. Trotz des Anstiegs der Preisbereitschaft, die allerdings prozentual geringer als der Kostenanstieg ausfällt, tritt eine Gewinneinbuße von 20 Prozent ein.

Szenario F: Kosten und Preisbereitschaft (Maximalpreis) steigen um denselben Prozentsatz von 10 Prozent. Der Maximalpries liegt also bei 154 Euro. Die entsprechend nach oben verschobene Preisabsatzfunktion ist in Abbildung 5.2 eingetragen. Der optimale Preis liegt auf der Mitte zwischen den variablen Stückkosten von 66 Euro und dem Maximalpreis von 154 Euro, also bei

110 Euro. Die Absatzmenge steigt um 10 Prozent auf 1,1 Millionen Einheiten (1 100 Tausendereinheiten). Dies ist das einzige Szenario, in dem der Gewinn steigt. Die Szenarien E und F belegen, wie ausschlaggebend eine Erhöhung der Preisbereitschaft für die Gewinnverteidigung ist. Aus dieser Einsicht folgt, dass man in der Inflation nicht nur an der Effizienz arbeiten und Kosten senken sollte, sondern vor allem Maßnahmen zur Erhöhung der Preisbereitschaft ergreifen sollte. Das können Innovationen, Konzentration auf zahlungswillige Zielgruppen, Stärkung der Marke oder Qualifizierung des Vertriebs sein. Allerdings erfordern diese Maßnahmen zusätzliche Investitionen, was angesichts sinkender Gewinne problematisch sein kann.

In Abbildung 5.3 sind nominale Gewinne aufgelistet. Die realen, inflationsbereinigten Gewinne fallen jeweils um 10 Prozent niedriger aus. Es sei zudem angemerkt, dass Wettbewerbspreise und -reaktionen nicht berücksichtigt wurden, was implizit bedeutet, dass die Konkurrenz sich gleichgerichtet verhalten hat.

Welche Schlussfolgerungen für die unternehmerische Praxis können wir aus diesen Berechnungen ziehen? Innerhalb nicht zu großer Abweichungen von den bisherigen Kosten- und Preispositionen stellen lineare Kosten- und Preisabsatzfunktionen brauchbare Approximationen der Realität dar. In der Beratungspraxis von Simon-Kucher & Partners setzen wir solche Modelle in vielen Projekten ein. Die gewonnenen Einsichten sind insofern sehr anwendungsrelevant. Ich zähle sie zu den wichtigsten Empfehlungen, die ich in diesem Buch gebe.

Die Kosten-plus-Preisbildung, egal ob in prozentualer oder absoluter Version, ist unter inflationären Bedingungen noch weniger angebracht als unter preisstabilen Verhältnissen. Denn sie vernachlässigt Veränderungen in der Preisbereitschaft der Kunden. Und auf die Preisbereitschaft kommt es vor allem an, wenn es um Gewinneinbußen und -verteidigung geht. Ändert sich die

Preisbereitschaft nicht, dann entsteht aus Kostensteigerungen sehr schnell eine Gewinnklemme. Die prozentualen Gewinneinbußen sind dabei um ein Vielfaches höher als die Umsatzrückgänge.

Die Berechnungen bestätigen die bekannte Regel, dass man Kostensteigerungen nicht in vollem Umfange an die Kunden weitergeben, sondern eine Aufteilung mit diesen akzeptieren sollte. Tatsächlich beobachten wir diese vernünftige Verhaltensweise häufig in der Praxis. So berichtete Aldi, bei einer Steigerung des Milchpreises um 10 Cent nur 7 Cent an die Verbraucher weiterzugeben. REWE-Vorstandschef Lionel Souque sagt zu diesem Thema, dass Einzelhändler auf eine gewisse Gewinnspanne verzichten müssen und appelliert an die Industrie, nur einen Teil ihrer eigenen Kostenerhöhungen in den Preisen weiter zu geben.

Kostenerhöhungen ohne entsprechende Erhöhungen der Preisbereitschaft der Kunden führen unvermeidbar zu Gewinneinbußen. Selbst wenn die Preisbereitschaft geringfügig, aber weniger als die Kosten steigt, reicht dies normalerweise nicht aus, um das bisherige Gewinnniveau zu verteidigen. Nur wenn es einen starken oder gar überproportionalen Anstieg der Preisbereitschaft gibt, lässt sich der Gewinn halten oder sogar steigern. Diese Situation, also unser Szenario F, kommt jedoch während einer Inflation nur äußerst selten vor.

Schließlich bestätigen die Zahlenbeispiele die in diesem Buch schon mehrfach getätigte Aussage, dass man unbedingt Informationen über das Käuferverhalten und dessen Veränderungen sammeln muss. Ohne Kenntnis der Preisbereitschaften stochert man bei der Preisanpassung im Nebel. Das gilt ebenfalls für den Einfluss der Konkurrenz, den wir in diesem Kapitel nicht explizit betrachtet haben, aber in Kapitel 7 behandeln.

Zusammenfassung

Folgende Punkte seien zur Preisoptimierung unter inflationären Bedingungen festgehalten.

- Der optimale Preis hängt vom Kundennutzen, den Kosten und den Wettbewerbspreisen ab. Diese drei Determinanten gelten unter Inflation genauso wie in preisstabilen Zeiten.
- Der Kundennutzen bestimmt die Preisbereitschaft und damit die Preisobergrenze (Maximalpreis), die Kosten bestimmen die Preisuntergrenze, der Wettbewerbspreis den Preisspielraum eines Anbieters.
- Alle drei Determinanten sind potenziell von der Inflation betroffen. Also muss man wissen, wie sie sich verändern.
- Letztlich kommt es auf die Entwicklung der sogenannten Nettomarktposition, also der Differenz zwischen den Kosten des Anbieters und der Preisbereitschaft der Kunden, an.
- Eine Überwälzung der Kosten an die Kunden in voller absoluter oder prozentualer Höhe ist in aller Regel nicht optimal. Vielmehr empfiehlt sich eine Aufteilung der Mehrkosten zwischen Anbieter und Nachfrager.
- Eine Schwächung der Nettomarktposition führt zu starken Gewinneinbußen. Ohne einen Anstieg der Preisbereitschaft lässt sich daran wenig ändern.
- Nur wenn die Preisbereitschaft ausreichend steigt, gelingen eine Verteidigung des realen Gewinnes oder gar eine Gewinnsteigerung.
- Neben Kostensenkungsmaßnahmen sollte man an der Stärkung von Kundennutzen und Pricing Power mit dem Ziel einer Erhöhung der Preisbereitschaft arbeiten. In vielen Unternehmen dürften allerdings die finanziellen Ressourcen diesem Bestreben unter Inflationsbedingungen enge Grenzen setzen.

Kapitel 6

Kundennutzen steuern

Viele tausende Male wurde mir die folgende Frage gestellt: »Was ist der wichtigste Aspekt beim Pricing?« Meine Antwort war stets »Der Kundennutzen«. Eine noch präzisere Antwort lautet: »Der vom Kunden wahrgenommene Nutzen«. Wie in Abbildung 5.1 veranschaulicht, ist die Bereitschaft des Kunden, einen Preis zu zahlen, und damit die Möglichkeit des Verkäufers, diesen Preis zu erhalten, nichts anderes als die Widerspiegelung des vom Kunden wahrgenommenen Wertes oder Nutzens. Diese einfache Erkenntnis ist keineswegs neu. Die Römer brachten den Sachverhalt im Lateinischen zum Ausdruck. Denn in Latein bedeutet das Wort »pretium« sowohl »Wert« als auch »Preis«. Es gilt also die Gleichung Wert = Pretium = Preis. Diese linguistische Weisheit aus dem Lateinischen bildet eine zeitlos gültige Gleichung der Preisgestaltung. Wert und Preis müssen immer ausbalanciert sein. Unternehmen, die sich an diese einfache Gleichung halten, vermeiden grobe Fehler bei der Preisgestaltung. Die Gleichung gilt auch für den Käufer, der dem Sprichwort zufolge »das bekommt, wofür er zahlt«. Welche Konsequenzen ergeben sich aus diesen Überlegungen für den Kampf gegen die Inflation? Es geht darum, den Kundennutzen inflationsangepasst zu steuern. Das kann Steigerung, Kommunikation, aber auch anderweitige Beeinflussung bedeuten.

Nutzensteigerung

Grundsätzlich bietet die Nutzensteigerung einen vielversprechenden Ansatzpunkt zur erfolgreichen Durchsetzung von Preiserhöhungen. Die entscheidende Frage ist, ob und wie es unter inflationären Bedingungen gelingen kann, den vom Kunden wahrgenommenen Nutzen zu steigern. Gelingt dies, dann steigt die Preisbereitschaft, und Preiserhöhungen lassen sich realisieren. Dabei gibt es zahlreiche Ansatzpunkte zur Steigerung des wahrgenommenen Kundennutzens. Abbildung 6.1 zeigt die Ergebnisse aus Global Pricing Studies von Simon-Kucher.

Die Frage lautete, durch welche nutzenorientierten Maßnahmen der Druck auf die Preise reduziert werden kann.

Abb. 6.1: Maßnahmen zur Nutzensteigerung.
Quelle: Simon-Kucher 2022.

Die Abbildung zeigt, welch große Bedeutung neben einer Verbesserung des Angebots und damit des Kundennutzens auch der Kommunikation dieses Nutzens zukommt. Im Folgenden werde ich die einzelnen Maßnahmen näher betrachten.

Innovationen

Innovationen werden von den Unternehmen als das mit Abstand wichtigste Instrument zur Steigerung des Kundennutzens gesehen. Diese an sich nicht überraschende Einsicht hat sich über die Jahre in ähnlichen Erhebungen immer wieder bestätigt. Allerdings sieht die Erfolgsbilanz sehr durchwachsen aus. So sagten 72 Prozent der Befragten, dass ihre Innovationen die in sie gesetzten Erwartungen bezüglich Umsatz- und Gewinnbeitrag nicht erfüllen.

Noch ernüchternder sieht die Bilanz bei digitalen Innovationen aus. Sie dienen vor allem dazu, Kosten zu reduzieren, und laut Simon-Kucher-Erkenntnissen trägt nur etwa ein Viertel zur Steigerung des Kundennutzens bei. Bestätigung findet diese Einschätzung in einer Studie des Branchenverbandes BITKOM. Dort geben lediglich 27 Prozent der befragten Unternehmen an, dass datengetriebene Geschäftsmodelle stark oder sehr stark zum Geschäftserfolg beitragen.

Die Hauptursache liegt darin, dass neue Produkte oder digitale Angebote in der Wahrnehmung des Kunden keinen Mehrnutzen bringen. So kennen die Nutzer digitaler Geräte oder Prozesse sehr viele der eingebauten Features nicht oder nutzen sie wegen zu hoher Komplexität nicht. Offensichtlich werden dem Verständnis und der Messung des Kundennutzens im Entwicklungsprozess zu wenig Aufmerksamkeit gewidmet.

Ein weiteres Problem besteht darin, dass Forschung und Entwicklung (F&E) für nutzensteigernde Innovationen sowohl viel Zeit als auch beträchtliche Investitionen benötigen. Beide Erfordernisse stellen bei schnell anziehender Inflation Engpässe dar. F&E-Budgets müssen eher gekürzt werden. Der Zeitbedarf für Innovationen lässt sich nicht beliebig komprimieren. Unternehmen scheinen schon gut beraten, wenn sie Innovationsbudgets und -tempo trotz Inflation halten können. Sie sollten bei Innovationen den Kundennutzen stärker in den Mittelpunkt stellen. Bezüglich schneller Steigerungen des Kundennutzens und der Preisbereitschaft durch Innovationsaktivitäten sollte man sich allerdings keinen Illusionen hingeben. Realismus erscheint angezeigt.

Nutzenkommunikation

Wie Abbildung 6.1 zeigt, wird eine verbesserte Nutzenkommunikation von vielen Unternehmen als wichtige Maßnahme zur Minderung des Preisdrucks angesehen. Zu diesem Komplex gehören die Kommunikationsinhalte, die Rolle des Marketings, das Markenimage und die Fähigkeiten des Außendienstes, Nutzen und Wert zu vermitteln. So kündigt der Papierhersteller Kimberly-Clark an, die angestrebten Preiserhöhungen durch höhere Marketingausgaben zu unterstützen.

Es erscheint dabei ratsam, die Kommunikation in der Inflation verstärkt auf harte Nutzen- und Kostenvorteile, statt auf die in der Imagewerbung meist dominierenden »weicheren« Inhalte auszurichten. Wenn Kunden beim Kauf von Gebrauchsgütern vermehrt auf Energieverbrauch, Langlebigkeit, Restwert etc. achten, dann sollte man diese Aspekte stärker betonen. Bei Industrieprodukten gilt diese Maxime ohnehin schon in normalen Zeiten, in der Inflation allerdings erst recht. Auch die Betonung kurzfristiger Vorteile – im Vergleich zu erst längerfristig wirkenden – kann wegen der gestauchten Zeitpräferenz der Kunden angeraten sein. Derartige Neuausrichtungen der Kommunikation setzen wiederum zuverlässige Kenntnisse über die geänderten Kundenanforderungen voraus.

Natürlich stehen auch Kommunikationsaktivitäten unter Budget- und Zeitrestriktionen. Eine signifikante Verbesserung des

Markenimages ist eine langfristige Angelegenheit. Die Umorientierung des Außendienstes von einer primär preisorientierten Argumentation auf einen wertgestützten Verkauf erfordert nicht nur Training, sondern gleichermaßen eine Veränderung der Verkaufskultur.

Einen interessanten, von 46 Prozent der Befragten genannten Ansatzpunkt bildet die Beeinflussung der Nutzenwahrnehmung der Kunden. Wenn diese Beeinflussung tatsächlich gelingt, so kann sie signifikant zur Steigerung der Kauf- und Preisbereitschaft beitragen. So wird derzeit die Wertwahrnehmung von Wärmepumpen gegenüber Öl- oder Gasheizungen massiv verändert. In der Folge erlangen Wärmepumpen größere Preiserhöhungsspielräume als traditionelle Heizungen und werden die Inflation besser bewältigen.

Zusatzservices

Ein Mehrangebot an Dienstleistungen wird in Abbildung 6.1 am dritthäufigsten als Chance zur Nutzensteigerung genannt. Wenn ein Unternehmen bisher nur wenige Dienstleistungen anbietet, solche aber von Kunden erwartet und geschätzt werden, ist dies eine realistische Chance zur Nutzensteigerung. In dieser Hinsicht gibt es vielfältige Möglichkeiten wie Lieferservice, Beratung, Installation, Rücknahme von Altprodukten, Express-Erledigung oder Bereitstellung von Annehmlichkeiten. Es kann sich hierbei um so banale Dinge wie das Angebot eines Kaffees während der Wartezeit beim Friseur oder Arzt, aber auch um komplexe Dienstleistungen wie beispielsweise Schulung und Weiterbildung handeln. Gerade letztere werden mit höherer Komplexität der Produkte wichtiger. Die Chancen, mit Hilfe von Zusatzservices den wahrgenommenen Nutzen und damit die Preisbereitschaft von Kunden zu steigern, sind jedenfalls vorhanden.

Doch zusätzliche Services haben eine Kehrseite. Sie benötigen Personal und verursachen Kosten. Und weitere Kostenverursacher kann man in der Inflation angesichts der Gewinnklemme schlecht gebrauchen. Gibt es hingegen partielle Unterauslastungen, so können Mitarbeiter, die mit den Produkten vertraut sind, die zusätzlichen Dienstleistungen erbringen. Aus dieser Situation ergeben sich in der Inflation zwei Vorteile. Zum einen generieren diese Mitarbeiter Spielraum für Preiserhöhungen, zum anderen sind die Auswirkungen auf das interne Betriebsklima günstig, da weniger Angestellte müßig herumsitzen. Kostenaspekte sprechen in aller Regel für die Digitalisierung von Zusatzservices. Allerdings ist deren Wirkung auf die Preisbereitschaft und die Kundenloyalität weniger gewiss und vermutlich schwächer als bei persönlich erbrachten Diensten. Manche Hersteller empfinden die Bereitstellung zusätzlicher Services als lästige, ungeliebte Aufgabe, da diese anders geartete Organisations- und Führungssysteme erfordern als eine Fabrik. Aufgrund solcher Einstellungen verschenkt man Chancen zur Steigerung von Kundennutzen und Preisbereitschaft in der Inflation. Jedes Unternehmen sollte überlegen, ob es sich diese Haltung angesichts notwendiger Preiserhöhungen leisten kann.

Garantien

Die Risikowahrnehmung der Kunden bietet ein interessantes Potenzial zur Nutzenverbesserung. Ein direktes und wirksames Verfahren sind Garantien, wie das folgende Beispiel illustriert. Im Rahmen des Enercon-Partner-Konzeptes (EPK) garantiert der Windanlagenbauer Enercon seinen Kunden eine Verfügbarkeit von 97 Prozent, während Wettbewerber in der Regel nicht mehr als 90 Prozent gewährleisten. Wie bei allen Risikoübernahmen und Garantien muss der Garantiegeber die möglichen Kosten berücksichtigen. Im Fall von Enercon sind die Kosten aufgrund der hohen Produktqualität überschaubar. Denn die Enercon-Windturbinen haben kein Getriebe. Probleme mit Getrieben sind aber bei den Konkurrenten die häufigste Ausfallursache. Enercon-Turbinen erreichen eine Verfügbarkeit von 99 Prozent, so dass es die Firma nichts kostet, 97 Prozent zu garantieren. Für die Kunden hat diese Garantie hingegen einen sehr hohen Nutzen.

Um die Risikoverteilung zwischen dem Lieferanten und dem Kunden aus Lieferantensicht optimal gestalten zu können, muss man die Risiko- und Unsicherheitswahnehmung der Kunden kennen. In diesem Punkt kann eine wichtige Barriere der Preisbereitschaft liegen, die es zu überwinden gilt. Als zweites sind die finanziellen Konsequenzen, die man sich als Lieferant durch Garantiegewährung einhandelt, gerade in der Inflation sehr sorgfältig abzuschätzen. Zudem müssen Verträge und Zugriffsmöglichkeiten so gestaltet sein, dass man im Falle der Zahlungsunfähigkeit eines Kunden den Schaden minimiert.

Ungeeignete Instrumente

Ob und inwieweit sich bestimmte Instrumente zur Steigerung des Kundennutzens eignen, hängt nicht zuletzt von der Art der Krise ab. In meinem Buch zur Finanzkrise 2008–2010, die im Kern eine Nachfragekrise war, habe ich mehrere Sofortmaßnahmen empfohlen.

Dazu gehörten das Angebot einer »Probezeit« für Maschinen, Gewährung großzügiger Finanzierungen und Zahlungsziele, Akzeptanz von Tauschgeschäften, Sortimentserweiterung, der Übergang vom Produkt- zum Systemanbieter und Naturalrabatte. Diese Sofortmaßnahmen waren auf die Nachfragekrise zugeschnitten und dienten dazu, Absatz und Beschäftigung zu stimulieren. Sie eignen sich jedoch weniger oder überhaupt nicht für den Kampf gegen die Inflation. Großzügige Finanzierungen und Zahlungsziele sind angesichts höherer Zinsen und der fortschreitenden Geldentwertung kontraproduktiv. Geht man Tauschgeschäfte ein, ohne dass die eingetauschten Güter für den eigenen Bedarf eingesetzt werden, so handelt man sich ein Preiserhöhungsproblem bei den empfangenen Produkten ein. Sortimentserweiterungen und der Übergang zum Systemanbieter erfordern beträchtliche Investitionen mit möglicherweise langen Anlauf- und Rückflusszeiten. Naturalrabatt kann bedeuten, dass der Listenpreis für die bezahlten Einheiten als hoch wahrgenommen wird. Bei dem Angebot »Kaufe zwei Jeans für 180 Euro und erhalte drei«, bestimmt der Preis von 180 Euro die Wahrnehmung. Muss man nun den Preis um 30 Euro auf 210 Euro erhöhen, dann könnte das einen stärkeren Absatzrückgang auslösen als eine Preiserhöhung für eine Jeans um 10 Euro von 60 auf 70 Euro. Allerdings kann es sein, dass weniger Verbraucher drei Jeans kaufen. Mengen- und Preiseffekt sind gegeneinander abzuwägen.

Zusammenfassung

Wir halten folgende Aspekte zum Zusammenhang von Inflation und Kundennutzen fest.

- Der wahrgenommene Kundennutzen ist der Treiber von Preisbereitschaft und Pricing Power.
- Es ist grundsätzlich sinnvoll, den Kundennutzen zu steigern, um den Widerstand gegen Preiserhöhungen abzumildern.

- Die Kernfrage ist, ob und wie eine solche Steigerung unter inflationären Bedingungen schnell genug gelingt.
- Das mit Abstand wichtigste Instrument zur Nutzensteigerung sind Innovationen. Enttäuschend sind allerdings die Ergebnisse. In einzelnen Studien sagen gut 70 Prozent der befragten Manager und Managerinnen, dass Innovationen die Erwartungen in Bezug auf Erhöhung der Preisbereitschaft nicht erfüllen. Bei digitalen Innovationen ist die entsprechende Misserfolgsquote tendenziell noch höher.
- Da es um Wahrnehmung geht, bildet eine effektive Nutzenkommunikation einen weiteren wichtigen Ansatzpunkt. Dazu gehört auch die Beeinflussung der Bewertungssysteme der Kunden.
- Zusatzservices und erweiterte Garantien beeinflussen die Preisbereitschaft positiv und erweitern den Spielraum für Preiserhöhungen.
- All diesen Maßnahmen ist gemein, dass sie Zeit für Umsetzung und Wirkung brauchen sowie Mehrkosten verursachen. Deshalb muss sehr sorgfältig geprüft werden, welche Maßnahmen sich unter Inflationsbedingungen tatsächlich eignen. Vorsicht ist angebracht.
- Es gibt Instrumente, deren Einsatz sich zwar in einer Nachfragekrise empfiehlt, die aber für die aktuelle Inflation, die eine Kosten- und Preiskrise ist, unvorteilhaft sind. Dazu zählen großzügige Finanzierungen und Zahlungsziele, Tauschgeschäfte, Naturalrabatte sowie Aktivitäten, die hohe Kapitalinvestitionen erfordern.

Kapitel 7

Im Wettbewerb führen

In Kapitel 5 haben wir bei der Diskussion zum optimalen Preis vom Einfluss von Konkurrenzpreisen sowie den Reaktionen der Konkurrenten auf die eigenen Preismaßnahmen abstrahiert. Implizit haben wir damit angenommen, dass sich die Konkurrenten gleichgerichtet, quasi wie ein Monopolist, verhalten. In dem Fall kommt die sogenannte Chamberlin-Lösung zu Stande, die den Gesamtgewinn aller Konkurrenten maximiert, aber nicht für jeden einzelnen Wettbewerber optimal sein muss.

Wie Abbildung 5.1 verdeutlicht hat, spielt das Verhalten der Konkurrenz natürlich auch in der Inflation eine wichtige Rolle. In diesem Buch beleuchten wir ausgewählte wettbewerbliche Aspekte, auf die in der Inflation besonders zu achten ist, ohne umfassend auf die Komplexität von Interdependenzen und auf spieltheoretische Konzepte einzugehen. Diesbezüglich sei auf die Literatur verwiesen.

Der Einfluss von Konkurrenzpreisen wird am realistischsten durch die sogenannte Gutenberg-Preisabsatzfunktion erfasst. Sie ist in Abbildung 7.1 dargestellt. In der Ausgangssituation sind der eigene Preis und der Konkurrenzpreis gleich. Was passiert nun, wenn man den eigenen Preis ändert? Innerhalb des Bereiches zwischen den beiden Knicken (Preisschwellen) reagiert der Absatz vergleichsweise schwach, das heißt die absolute Preiselas-

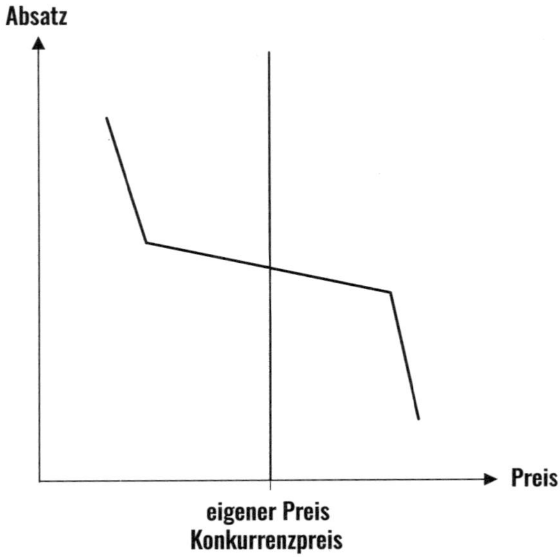

Abb. 7.1: Gutenberg-Preisabsatzfunktion.

Quelle: eigene Darstellung.

tizität ist in diesem Bereich niedrig. Deshalb bezeichnet man dieses Intervall auch als »monopolistischen Bereich«. Überschreitet eine Preisänderung hingegen die Schwellenwerte, so tritt eine wesentlich stärkere Reaktion der Absatzmenge ein, die absolute Preiselastizität ist in den beiden äußeren Ästen deutlich höher. In der Realität sind die Preisschwellen nicht so scharf, wie in Abbildung 7.1 dargestellt, sondern die Übergänge werden eher fließend sein.

Wenn sich ein Unternehmen einer Gutenberg-Preisabsatzfunktion gegenübersieht, dann ist eine Preiserhöhung innerhalb des monopolistischen Bereiches, also bis zum oberen Schwellenwert, mit geringen Absatzeinbußen verbunden. Der positive Gewinneffekt des höheren Preises übersteigt wahrscheinlich den negativen

Gewinneffekt der geringeren Absatzmenge. Deshalb liegt der optimale Preis bei Gültigkeit der Gutenberg-Funktion häufig beim oberen Schwellenwert. Es ist jedoch wichtig, den Schwellenwert einigermaßen präzise und zuverlässig zu kennen. Ob er bei 5, 10 oder 20 Prozent liegt, macht einen großen Unterschied aus. Denn eine Überschreitung des Schwellenwertes kann zu einem starken Absatz- und Gewinneinbruch führen.

Schrittweise Preiserhöhungen

In Kapitel 3 habe ich häufige kleine, statt seltene große Preiserhöhungen empfohlen. Die Begründung lag dabei im Timing-Aspekt. Es ging darum zu vermeiden, dass man hinter die Kostenwelle rutscht und die notwendige Preisanpassung nicht in einem Schritt vollziehen kann. Die Gutenberg-Preisabsatzfunktion liefert ein weiteres Argument für dieses schrittweise Vorgehen. Nehmen wir an, bei vierteljährlichen Preiserhöhungen von jeweils 3 Prozent betrage die Preiselastizität -1,33. Das heißt, der Absatz geht bei jeder Preiserhöhung um 4 Prozent zurück. Bei einer einmal jährlichen Preiserhöhung von 12 Prozent sei die Preiselastizität hingegen -2. Das würde zu einem jährlichen Absatzrückgang von 24 Prozent führen. Bei dieser Konstellation, die strukturell der Gutenberg-Funktion entspricht, ist es somit vorteilhafter, vier vierteljährliche Preiserhöhungen pro Jahr durchzuführen. Man setzt dann 16 Prozent weniger Einheiten ab. Bei der einmaligen großen Preiserhöhung, die in der Summe den vier kleineren Preiserhöhungen ähnelt, würde man hingegen mit dem Absatzrückgang von 24 Prozent eine um die Hälfte größere Absatzeinbuße erleiden.

Konkurrenzreaktion

Reagiert die Konkurrenz auf die eigene Preiserhöhung und zieht nach, so verschiebt sich die Gutenberg-Funktion nach rechts. Dann liegt man wieder im monopolistischen Bereich, und der Absatz leidet relativ wenig unter der eigenen Preiserhöhung. Man hat einen wesentlich größeren Spielraum für Preisanpassungen. Es ist also wichtig, die Konkurrenzreaktion vor der Umsetzung der eigenen Preismaßnahme richtig abzuschätzen.

Wie beeinflusst die Inflation das Reaktionsverhalten der Konkurrenten? Das hängt nicht zuletzt davon ab, wie stark die Wettbewerber von den inflationären Kostensteigerungen betroffen sind. In den meisten Fällen wird es so sein, dass alle Anbieter mehr oder weniger ähnlich betroffen sind. Damit ist die Wahrscheinlichkeit hoch, dass alle bei Preiserhöhungen mitziehen, also ein gleichgerichtetes Verhalten zu Stande kommt. Falls die Preiselastizität im monopolistischen Bereich sehr niedrig ist, kann es unter diesen Umständen sogar optimal sein, die Kostensteigerung prozentual voll weiterzugeben. Dieser Fall ähnelt der von allen Konkurrenten praktizierten Kosten-Plus-Preisbildung mit denselben Aufschlagsätzen.

Falls die Kostensteigerungen für einzelne Konkurrenten unterschiedlich sind, ist ein gleichgerichtetes Verhalten weniger wahrscheinlich. Unterschiede in den Kostensteigerungen können aus Standortvorteilen oder auch Wechselkursverschiebungen resultieren. Man kann zudem nicht ausschließen, dass finanzstarke Wettbewerber die Situation, in der andere die Preise erhöhen, nutzen, um ihren Marktanteil zu steigern. So hat Edeka auf der Höhe der Inflationsdiskussion im Mai 2022 in ganzseitigen Tageszeitungsanzeigen mit dem Slogan »Preise runter! Jetzt mit unseren Knüllern kräftig sparen!« geworben.

Solche Anzeigen dürften ihre Wirkung in Zeiten, in denen die Verbraucher verstärkt auf Preise achten, nicht verfehlen. In konkurrenzintensiven Märkten ist also selbst in der Inflation Vorsicht bei Preiserhöhungen angebracht. Das Risiko, dass die Konkurrenz querschießt, lässt sich nie gänzlich ausschließen.

Preisführerschaft

Große Bedeutung in der Inflation erwächst der sogenannten Preisführerschaft, bei der die Konkurrenten einem »Preisführer« folgen. So hieß es in einer Phase starker Kostensteigerungen vom Discounter Aldi: »Diese Hintergründe wirken sich auch warengruppenübergreifend in Form steigender Einkaufspreise aus. Diese Nachricht ist deshalb bedeutsam, weil Aldi traditionell die Preisführerschaft im deutschen Einzelhandel hat.« Dazu heißt es an anderer Stelle: »Mit seinen 800 ›Ja‹-Artikeln folgt REWE im Preis immer dem Discounter Aldi und passt seine Ja-Produkte, die den günstigsten Einstiegspreis haben, jeden Tag an die Aldi-Preise an.« Aldi ist gemäß dieser Beschreibung Preisführer und REWE Preisfolger. In unseren Projekten haben wir auch bei anderen Lebensmittelhändlern festgestellt, dass sie ihre Preise an Aldi ausrichten. Ein Unternehmen orientierte sich beispielsweise bei 600 schnell drehenden Artikeln an den Aldi-Preisen.

Wer soll die Rolle des Preisführers übernehmen? Natürlicherweise ist der Marktführer für diese Rolle prädestiniert. So war General Motors im US-amerikanischen Automobilmarkt über Jahrzehnte Preisführer, Ford und Chrysler folgten. Johan Molin, CEO von Assa Abloy, Weltmarktführer bei Türschließsystemen, sagt: »We are by far the market leader and a market leader's role is to help prices upwards.«

Florent Menegaux, CEO von Reifenmarktführer Michelin, sagte: »Every price increase we have passed has been followed by competition in every segment.«

Preisführerschaft, der kein strafbewährtes, abgestimmtes Verhalten zugrunde liegt, ist generell in Oligopolen eine sinnvolle Strategie. Das gilt in inflationären Zeiten, in denen häufige Preisanpassungen notwendig sind, in noch höherem Maße als sonst.

Signaling

Preiserhöhungen sind immer mit Risiken verbunden. Ziehen die Konkurrenten mit oder behalten sie ihren Preis bei, wenn wir erhöhen, um so auf unsere Kosten Marktanteile zu gewinnen? Lösen sie damit möglicherweise einen Preiskrieg aus? Das sind Fragen, die stets mit Ungewissheit behaftet sind. Allerdings ist diese Ungewissheit in Inflationszeiten geringer als bei Preisstabilität. Dennoch kann ein Imageschaden drohen, weil eine Preiserhöhung, der die Konkurrenz nicht folgt, zurückgenommen werden muss. Das gleiche gilt, wenn die Preiserhöhung von den Kunden als überzogen empfunden wird und diese sich von dem Produkt abwenden.

Eine Methode, um solche Unsicherheiten zu reduzieren, heißt Signaling. Frühzeitig vor der geplanten Preismaßnahme setzt man dabei im Markt »Signale« ab. Anschließend hört man in den Markt hinein, ob die Konkurrenten oder die Kunden ihrerseits reagieren und Signale zurücksenden. Zwar kann dabei geblufft werden, aber auch der Konkurrent muss sich überlegen, ob er etwas ankündigt, was er nicht umsetzt. Die Glaubwürdigkeit steht für alle Wettbewerber auf dem Spiel. Signaling ist vom Gesetz gegen Wettbewerbsbeschränkungen nicht grundsätzlich verboten. Solange man es nicht übertreibt, kann man vor dem Kartellamt einigermaßen sicher sein. Signaling darf keinerlei Absprache- oder gar Vertragscharakter haben, etwa nach dem

Motto: Wenn der Konkurrent X die Preise erhöht, dann werden wir mitziehen.

In der Kfz-Versicherung tobte seit Jahren ein Preiskrieg, den die HUK-Coburg angezettelt hatte. Dazu las man in der Presse: »Deutschlands größter Versicherungskonzern Allianz erhöht die Preise für die Autoversicherung drastisch.«

Auch andere Versicherer kündigten öffentlich Preiserhöhungen an. Im Verlaufe des Jahres stiegen die Preise tatsächlich um etwa 7 Prozent an. »Im nächsten Jahr dürften die Preise nochmals steigen«, ließ Wolfgang Weiler, Vorstandssprecher der HUK Coburg, des schärfsten Rivalen der Allianz, verlauten. Angesichts der vorangegangenen mehrjährigen Preissenkungen war diese Trendwende bei den Preisen bemerkenswert.

Signaling kann auch für die Ankündigung von Vergeltungsmaßnahmen genutzt werden, etwa um eine Preissenkung der Konkurrenz abzuwenden. So warnte Im Tak-Uk, Chief Operating Officer von Hyundai, japanische Konkurrenten vor Rabatterhöhungen. Hyundai würde auf solche Maßnahmen mit ebenfalls attraktiveren Rabatten reagieren. Klarer kann eine Aussage zur Reaktion nicht ausfallen. Jedenfalls wussten die Japaner anschließend, was von Hyundai im Falle eigener Rabattaktionen zu erwarten war.

Signaling wirkt auch gegenüber Kunden, um diese auf unvermeidliche Preiserhöhungen vorzubereiten, manche nennen das »Weichkochen«. Wenn es gelingt, den Kunden anstehende Preiserhöhungen als unvermeidlich zu kommunizieren, dann kann das den Widerstand in Preisverhandlungen reduzieren. Eine Vorankündigung verringert zudem unangenehme Überraschungseffekte.

In der Inflation gewinnt Signaling an Bedeutung. Dementsprechend sind mit Inflationserwartungen verstärkte Signaling-Aktivitäten zu beobachten, wie das Beispiel einer automobilnahen Branche illustriert. Von den fünf größten Herstellern gab es im

Durchschnitt in der noch preisstabilen Phase von Anfang 2020 bis März 2021 drei Preissignale pro Hersteller und Quartal. Mit dem Einsetzen von Inflationserwartungen im Frühjahr 2021 stieg die Zahl auf 16 Signale pro Hersteller und Quartal an.

Konsistent damit ist die industrieweite Beobachtung, dass die Erwähnung von Pricing Power im dritten Quartal 2021 gegenüber dem Vorjahreszeitraum um 78 Prozent zunahm.

Für diesen steilen Anstieg ist auch die Zeitkompression verantwortlich. In der Inflation müssen Preisanpassungen schnell erfolgen. Dementsprechend werden Signale in kürzeren Zeitabständen abgesetzt. Ein Signaling-Prozess, bei dem Signale über mehrere Monate hin- und hergesandt werden, ist unter inflationärem Zeitdruck nicht angeraten.

Zusammenfassung

Folgende Punkte aus diesem Kapitel seien festgehalten.

- Preise und Verhaltensweisen der Konkurrenz behalten in der Inflation Einfluss auf das eigene Preismanagement, allerdings ändert sich dieser Einfluss im Vergleich zu preisstabilen Marktphasen.
- Die Wirkung von Konkurrenzpreisen wird realitätsnah durch die doppelt-geknickte Preisabsatzfunktion von Gutenberg abgebildet. Es gibt einen monopolistischen Bereich, innerhalb dessen Preiserhöhungen keine großen Absatzeinbußen auslösen. Überschreitet man jedoch einen Schwellenwert, so brechen der Absatz und wahrscheinlich auch der Gewinn stark ein.
- Preiserhöhungen der Konkurrenz verschieben die Gutenberg-Preisabsatzfunktion und damit auch die Schwellenwerte nach rechts, wie in Abbildung 7.1 dargestellt.

- Die Gutenberg-Funktion bewirkt, dass im Rahmen der Inflation mehrere kleine Preiserhöhungen vorteilhafter sind als eine einmalige große Preiserhöhung.
- In oligopolistischen Märkten und unter inflationären Bedingungen ist Preisführerschaft ein vernünftiges Verhalten.
- Signaling kann vor inflationsinduzierten Preiserhöhungen grundsätzlich eingesetzt werden, sollte aber den größeren Zeitdruck beachten.

Kapitel 8

Pricing Power stärken

Im Zusammenhang mit der wettbewerblichen Preisbildung verdient das Konzept der Pricing Power erhöhte Beachtung. Pricing Power bezeichnet die Fähigkeit eines Unternehmens, Preise durchzusetzen, mit denen die Gewinnziele erreicht werden. Auf Deutsch spricht man in ähnlichem Sinne von Preismacht oder Preisdurchsetzungsmacht. Pricing Power ist sowohl im Verhältnis zu Kunden als auch zu Wettbewerbern zu sehen. Wenn Kunden eine starke Bindung an ein Unternehmen oder eine Marke haben, dann besitzt dieses Unternehmen Pricing Power. Unter Wettbewerbsaspekten hat Pricing Power sowohl eine horizontale (Wettbewerb zwischen Konkurrenten) als auch eine vertikale Dimension (Wettbewerb entlang der Wertschöpfungskette). Wenn Wettbewerber sich schwertun, Kunden abzuwerben, dann hat ein Unternehmen Pricing Power. Auch gegenüber Lieferanten kann es Pricing Power geben. Man spricht dann von Nachfragemacht. Über die Jahre stellen wir in Studien von Simon-Kucher immer wieder fest, dass nur ein Drittel der Unternehmen glaubt, dass sie Pricing Power besitzen.

Das Interesse am Konzept der Pricing Power hat in der jüngsten Vergangenheit stark zugenommen. Auslöser war die Aussage des berühmten Investors Warren Buffett, dass er Pricing Power als wichtigstes Kriterium für die Bewertung von Unternehmen ansieht.

Das Wall Street Journal schreibt: »Quest for Pricing Power Drives Stock Gains.« Ebenso betont der erfolgreiche Silicon-Valley-Investor Peter Thiel die Rolle von Pricing Power für den Shareholder Value und spricht sich dezidiert für den Aufbau von Marktpositionen mit starker Pricing Power aus. Dem pflichtet Chris Burggraeve, ehemaliger Marketingchef von INBEV, der weltgrößten Brauerei, bei: »Marketing is all about building sustainable pricing power.«

Der Wert einer Marke zeige sich letztlich darin, ob sie Pricing Power besitze, nur dann sei sie in der Lage, ein Preispremium gegenüber der Konkurrenz zu erzielen. Tracey Travis, CEO von Estée Lauder, sagt: »We are a luxury company, so we do have pricing power.« Und beim Marketing Science Institute heißt es: »Pricing Power is highly prized by investors, pursued by managers and almost totally ignored by marketing academics.«

Mit dem Einsetzen der Inflation gerät das Konzept der Pricing Power verstärkt in den Mainstream des Interesses von Anlegern. »Investors are on the hunt for companies with the magic words during any spell of inflation: pricing power«, schreibt das Wall Street Journal. In Investmentanalysen von UBS heißt es: »We continue to believe that companies with pricing power can outperform the broader market.«

Pricing Power nach Branchen

Pricing Power ist nach Branchen sehr ungleich verteilt, wie Abbildung 8.1 zeigt. Die Ergebnisse stammen aus einer Global Pricing Study von Simon-Kucher.

Wie ein Unternehmen mit der Inflation zurechtkommt, hängt diesen Ergebnissen zufolge in starkem Maße von seiner Branchenzugehörigkeit ab. Pharmafirmen tun sich diesbezüglich we-

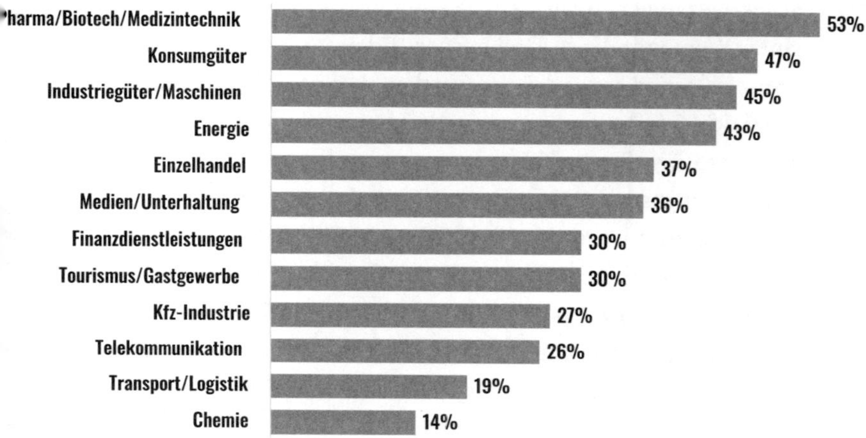

Abb. 8.1: Anteil der Unternehmen mit hoher Pricing Power nach Branchen.
Quelle: Simon-Kucher 2022.

sentlich leichter als Unternehmen in der Rohstoffindustrie, die austauschbare Produkte, sogenannte Commodities, vertreiben.

Konkretisierung Pricing Power

Eine überzeugende und umfassende Definition von Pricing Power fehlt bisher. Was ist konkret unter Pricing Power zu verstehen? Und welche Rolle fällt dem Konzept für die Inflation zu? Meistens wird der sogenannte Lerner-Index, auch Lernerscher Monopolgrad genannt, als Maß für Pricing Power verwendet.

Der Lerner-Index ist definiert als das Verhältnis von Stückdeckungsbeitrag zum Preis. Der Stückdeckungsbeitrag entspricht der Differenz zwischen Preis und Grenzkosten. Bei perfektem Wettbewerb gilt Preis gleich Grenzkosten, so dass der Lerner-Index gleich Null ist. Bei Grenzkosten von Null entspricht der

Stückdeckungsbeitrag dem Preis, und der Lerner-Index nimmt einen Wert von 1 an. Der Lerner-Index kann auch in Form der Preiselastizität ausgedrückt werden. Je absolut höher die Preiselastizität, desto niedriger ist der Lerner-Index. Pricing Power wird also bei dieser Definition mit absolut niedriger Preiselastizität gleichgesetzt. Diese Definition halte ich für zu einfach. Die Preiselastizität ist in der Regel keine konstante Größe.

Zudem muss man fragen, ob Pricing Power auch für Preissenkungen Relevanz besitzt. Eine der wenigen Konkretisierungen von Pricing Power stammt von der UBS mit den vier Kriterien Mark Up, Marktanteil, Volatilität und Verteilung der Margen. Wie diese Kriterien genau einfließen, bleibt unklar. Es ist schwer, sich des Eindrucks einer tautologischen Erklärung im Sinne von »erfolgreiche Firmen haben hohe Pricing Power« zu entziehen.

Zwecks eines fundierteren Verständnisses von Pricing Power rekurrieren wir auf die Gutenberg-Preisabsatzfunktion. Als Ausgangssituation verwenden wir die in Abbildung 8.2 dargestellte durchgezogene Kurve und nehmen an, dass diese eine Situation mit relativ schwacher Pricing Power darstellt. Die gestrichelte Kurve in Abbildung 8.2 gibt hingegen wieder, wie sich eine Verstärkung der Pricing Power auswirkt.

Die möglichen Wirkungen einer Verstärkung der Pricing Power können vielfältig sein und werden im Folgenden für die Fälle A bis G erklärt.

A: Bei unverändertem Preis bewirkt eine Verstärkung der Pricing Power einen höheren Absatz.

B: Die Neigung der Preisabsatzfunktion bis zum oberen Schwellenwert wird geringer, das heißt die Preiselastizität nimmt absolut ab. Es geht bei einer Preiserhöhung weniger Absatz verloren als bei schwächerer Pricing Power.

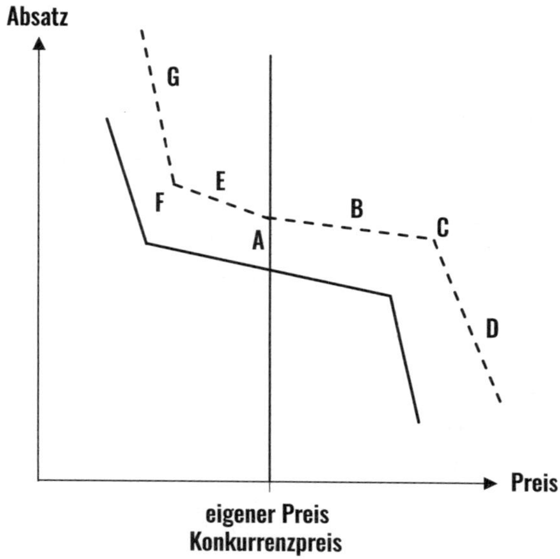

Abb. 8.2: Die Wirkungen einer Verstärkung von Pricing Power.

Quelle: eigene Darstellung.

C: Der obere Schwellenwert verschiebt sich nach rechts. Der monopolistische Bereich und damit der Spielraum für Preiserhöhungen werden größer.

D: Die Preiselastizität jenseits des oberen Schwellenwertes geht zurück, weniger Absatz wird verloren. Bezüglich dieser Wirkung bin ich mir allerdings weniger sicher als bei B und C.

Für das Preismanagement in der Inflation sind insbesondere die Wirkungen B und C von Relevanz und Interesse. Denn sie machen Preiserhöhungen im Hinblick auf mögliche Absatzrückgänge weniger riskant und lassen einen größeren Spielraum für diese zu. Die Wirkung D ist hingegen weniger relevant, da es sich normalerweise nicht empfiehlt, über den oberen Schwellenwert hinaus zu gehen. Dies kann allerdings bei extremen Kostensteigerungen notwendig sein.

Man kann die Überlegungen zur Pricing Power auch auf die linke Seite, also auf die Wirkung von Preissenkungen, ausdehnen. Allerdings ist dieser Bereich mit den Wirkungen E, F und G in der Inflation nicht sehr bedeutsam, es sei denn, ein Unternehmen hätte im Vergleich zur Konkurrenz signifikant geringere Kosten und könnte deren Preiserhöhung zum Ausbau des eigenen Marktanteils nutzen, indem es die eigenen Preise senkt. Dann würde sich verstärkte Pricing Power in einer Erhöhung der Preiselastizität und einer Rechtsverschiebung des unteren Schwellenwertes auswirken. Gänzlich ausgeschlossen werden kann diese Situation nicht, da die Gutenberg-Funktion zu zwei Gewinnmaxima führen kann. Eines davon liegt beim oberen Schwellenwert, das zweite links vom unteren Schwellenwert. Dieses zweite Maximum wird erreicht, wenn es bei einer Unterschreitung des unteren Schwellenwertes zu einer sehr starken Absatzexpansion kommt. Hinzukommen müssen extrem niedrige Kosten, so dass trotz des niedrigen Preises ein ausreichender Stückdeckungsbeitrag übrigbleibt. Wahrscheinlich ist dieses Szenario in der Inflation nicht. Bei Grenzkosten von Null kann man es allerdings nicht ausschließen (siehe Kapitel 9).

Nachfragemacht

Wie bereits erwähnt, kann überlegene Pricing Power auch bei den Nachfragern liegen. Diese sind dann in der Lage, ihren Lieferanten Preise aufzuzwingen. Solche Machtkonstellationen finden sich beispielsweise in der Automobilindustrie und im Lebensmittelhandel. Die großen Autohersteller beziehen Vorlieferungen von Hunderten oder Tausenden überwiegend mittelständischen Zulieferern. Sie setzen zudem systematisch Methoden wie Multiple Sourcing ein, die einen Austausch der Lieferanten ohne große Wechselkosten erlauben. Bei dieser Machtkonstellation kann es für den Mittelständler sehr schwer werden, die empfangenen Kostensteigerungen auf den Autohersteller zu überwälzen.

Doch selbst in dieser Branche gibt es Konstellationen, in denen der mittelständische Lieferant gegenüber dem großen Autokonzern dominiert. Eine gewisse Berühmtheit erlangte die Auseinandersetzung zwischen dem Weltmarktführer für Türschließsysteme Kiekert und dem Autohersteller Ford. Ford musste die Bänder mehrere Tage stillstehen lassen, weil Kiekert keine Autoschlösser lieferte. Ähnliche Machtkämpfe lassen sich auch in anderen Branchen beobachten. »Mit höherer Gewalt zu höheren Preisen« lautet der Titel eines Artikels, demzufolge die chemische Industrie reihenweise Anlagen »aus Gründen höherer Gewalt« ausfallen ließ und die Preise massiv anstiegen.[1]

Auf große Nachfragemacht trifft man im Lebensmitteleinzelhandel. In Deutschland entfallen 85 Prozent der Umsätze auf die vier großen Handelsketten Edeka, REWE, Aldi sowie die Schwarz-Gruppe mit Kaufland und Lidl. Starke Beachtung fand eine Auseinandersetzung um höhere Preise zwischen Nestlé, dem größten Lebensmittelhersteller der Welt, und Edeka, dem größten Lebensmittelhändler Europas. Hier standen sich zwei Giganten mit jeweils mehr als 70 Milliarden Euro Umsatz gegenüber. Zunächst kam Nestlé den Preisforderungen von Edeka nicht entgegen. Im Gegenzug ordnete Edeka-Chef Markus Mosa die Auslistung von Nestlé-Produkten an. Im weiteren Verlauf wollte er die Auslistung sogar erweitern. Das war sozusagen der Nuklearschlag, der einem Händler zur Verfügung steht. Erst nach langen und zähen Verhandlungen kam es zu einer Einigung.[2] Zu einem ähnlichen Konflikt zwischen Edeka und dem Getränkehersteller Eckes heißt es im Frühjahr 2022: »Wegen des Streits um höhere Preise sind Eckes-Produkte wie ›Hohes C‹ und ›Granini‹ seit Mitte 2021 nicht mehr in den Regalen von Edeka zu finden.«[3] Der Unterschied zum Fall Nestlé liegt unter anderem darin, dass Eckes 30 Prozent seines Umsatzes in Deutschland erzielt und weniger als eine Milliarde umsetzt, die Machtverhältnisse also sehr verschieden sind.

Doch es gibt auch Mittelständler, die sich gegen Handelsgiganten durchsetzen, wie der folgende aktuelle Fall zeigt. REWE bestellte bei diesem Lieferanten, der einen Umsatz von etwa 200 Millionen Euro macht, zehn Paletten einer Konserve. Da REWE die Preisforderungen nicht akzeptiert hatte, schickte der Lieferant nur eine Palette. Prompt willigte der Händler auf einen höheren Preis ein, wenn auch nicht den geforderten, und bekam die bestellten Mengen. Nachfragemacht wird vom Kartellamt kritisch beobachtet. So sagt der Präsident des Bundeskartellamtes, Andreas Mundt: »Wir wollen wissen, wie es um die Nachfragemacht des Handels steht und wie die Einkaufspreise und Bezugskonditionen zustande kommen.«[4]

Offenlegung von Kosten

Kunden mit starker Pricing Power verlangen von ihren Lieferanten im Rahmen der sogenannten Open Book Policy häufig die Offenlegung der Kosten. Kontrolleure des Kunden überprüfen die Bücher des Lieferanten und akzeptieren Preissteigerungen nur in einer bestimmten Relation zu Kostensteigerungen. Faktisch läuft dieses Verfahren auf eine Kontrolle der Gewinnspanne des Lieferanten durch den Kunden hinaus, ein Verfahren, das auch im öffentlichen Vergabewesen üblich ist. Der Lieferant wird versuchen, möglichst viele Kosten in die Offenlegung hineinzupacken, um den höheren Preis zu erhalten. Täuschung gehört bei diesem Modell zum Geschäft. In manchen Projekten stellten wir fest, dass der Lieferant nicht alle Kosten in die Offenlegung hineingepackt hatte, zum Beispiel Kosten von Services, die im Rahmen der Lieferbeziehung ohne gesonderte Rechnungstellung erbracht wurden. Und selbst in der Autoindustrie haben wir Fälle erlebt, in denen sich mittelständische Zulieferer weigerten, ihre Bücher offenzulegen und ungeschoren blieben. Ihre eigene Pricing Power beruhte auf ihrer Unersetzbarkeit. Solche Beispiele belegen, dass Pricing Power keine Frage der Größe, sondern der relativen Machtposition ist.

Schaffung von Pricing Power

Wenn Pricing Power eine derart wichtige Voraussetzung zur erfolgreichen Durchsetzung von Preiserhöhungen ist, dann drängt sich die Frage auf, woher Pricing Power kommt und wie man sie schaffen kann. Die Antwort darauf umfasst das gesamte Marketinginstrumentarium, also Produktqualität, Innovation, Design, Service, Kundenbeziehung, Kommunikation, Distribution und natürlich Marke. Sie geht in eine ähnliche Richtung wie unsere Ausführungen zum Kundennutzen in Kapitel 6. Wenn man ein Unternehmen mit extrem starker Pricing Power wie etwa Apple betrachtet, dann sind alle diese Faktoren über Jahre hinweg mit höchster Professionalität und Effektivität gemanagt worden. Apple steht dabei für eine wichtige Einsicht: die Rolle der Zeit. Pricing Power wird über längere Zeiträume geschaffen und ist so etwas wie geronnene Zeit. Daraus folgt, dass Pricing Power im Angesicht inflationärer Entwicklungen nicht kurzfristig oder schnell geschaffen werden kann. »Fiat Pricing Power« im Sinne von Fiat Money[5] gibt es nicht. Zudem sind die finanziellen Mittel zur Stärkung der Pricing Power bei hohen Inflationsraten einfach nicht verfügbar. Pricing Power kann nur langfristig aufgebaut werden. Diejenigen Firmen, die das rechtzeitig getan haben, werden besser durch die Inflation kommen. In der aktuellen Situation geht es vor allem um eine realistische Einschätzung der eigenen Pricing Power. Selbstüberschätzung führt zu überhöhten, letztlich nicht durchsetzbaren Preisforderungen. Unterschätzt man seine Pricing Power, dann opfert man Gewinnmarge. Auch solche Fälle haben wir in der Beratungspraxis von Simon-Kucher, insbesondere im Mittelstand, vielfach erlebt. Ein Schwachpunkt liegt dabei oft in mangelnder Information und Überzeugung des Außendienstes. Solide Information zur Pricing Power ist unverzichtbar.

Eine potenziell wichtige Rolle im Hinblick auf die Pricing Power fällt der Finanzkraft eines Unternehmens zu. Ein finanziell starkes Unternehmen kann einem Machtkampf mit einem Kunden oder auch einem Lieferanten länger standhalten, falls es zu einer Unterbrechung des Geschäftsprozesses kommt. Das ist durchaus vergleichbar mit der Streikfähigkeit von Gewerkschaften, die ebenfalls davon abhängt, wie gut die Streikkasse gefüllt ist. Doch auch hier greift wieder der Zeitaspekt. Denn starke Finanzkraft entsteht in guten Zeiten, nicht in Phasen der Inflation oder sonstiger Krisen.

CEO und Pricing Power

Auf einen speziellen Punkt sei im Kontext von Pricing Power ausdrücklich hingewiesen, nämlich den Einsatz des CEOs. In einer früheren Studie von Simon-Kucher & Partners in 23 Ländern sagten 82 Prozent der Befragten, dass die Beteiligung des Topmanagements in den letzten Jahren zugenommen habe.[6] Dabei gab es nur geringe Unterschiede zwischen Ländern und

Branchen. Das Entscheidende aber ist, dass 35 Prozent der Unternehmen mit CEO-Beteiligung im Preismanagement berichteten, sie besäßen Pricing Power, während das ohne CEO-Beteiligung nur 26 Prozent sagten. Dass sich Pricing Power in konkreten Ergebnissen niederschlägt, beweisen die Zahlen zur Erfolgsquote bei Preiserhöhungen und zur EBITDA-Rendite in Abbildung 8.3. Der CEO ist also in der Inflation stärker gefordert, die Bemühungen um höhere Preise durch persönlichen Einsatz zu unterstützen. Besonders wichtig ist dabei die Unterstützung des Vertriebes, bis hin zur aktiven Teilnahme bei besonders wichtigen Preisverhandlungen. Auch im Kontext des Finanzmanagements sind vermehrte Auftritte des CEO und die Behandlung des Preisthemas, etwa bei Präsentationen für Investoren, angeraten.

Kriterium	mit CEO-Beteiligung	ohne CEO-Beteiligung
Überlegene Pricing Power	35%	26%
Erfolgsquote bei Preiserhöhungen	60%	53%
EBITDA-Rendite	15%	11%

Abb. 8.3: Wirkungen der CEO-Beteiligung auf Pricing Power, Erfolgsquote von Preiserhöhungen und EBITDA-Rendite.

Quelle: Simon-Kucher 2022.

Zusammenfassung

Die folgenden Punkte zu Pricing Power seien festgehalten.

- Pricing Power ist die Fähigkeit eines Unternehmens, höhere Preise, die zu einer angemessenen Gewinnerzielung notwendig sind, durchzusetzen.
- Unter inflationären Bedingungen ist Pricing Power als Kriterium zur Sicherung des dauerhaften Unternehmenserfolges noch wichtiger als bei Preisstabilität.
- Aussagen berühmter Investoren wie Warren Buffett oder Peter Thiel haben das Interesse an Pricing Power stark befördert.
- In Studien sagen nur etwa ein Drittel der Unternehmen, dass sie überlegene Pricing Power besitzen.
- Das Konzept der Pricing Power lässt sich anhand der doppeltgeknickten Preisabsatzfunktion präzisieren.
- Im Hinblick auf in der Inflation notwendige Preiserhöhungen bedeutet stärkere Pricing Power, dass die Preiselastizität geringer ist und der Preisspielraum erweitert wird.
- Unternehmen mit hoher Pricing Power werden also mit der Inflation wesentlich besser zurechtkommen als solche mit geringer Pricing Power.
- Das Pendant zur Pricing Power ist auf der Kundenseite die Nachfragemacht. Sie spielt in Branchen wie Autoindustrie und Lebensmittel eine große Rolle und erschwert für Lieferanten den Kampf gegen die Inflation.
- Pricing Power entsteht langfristig durch überlegene Leistung und kann nicht kurzfristig geschaffen werden. Das bedeutet, dass es in der aktuellen Situation vor allem auf eine realistische Einschätzung der eigenen Pricing Power ankommt.
- Finanzkraft kann zur Stärkung der Pricing Power genutzt werden.
- Die Beteiligung des CEO am Pricing Prozess trägt signifikant zur Stärkung der Pricing Power bei.

Kapitel 9

Digitalisierungschancen nutzen

Eine der wichtigsten Wirkungen von Digitalisierung und Internet besteht in der radikalen Erhöhung der Transparenz. Während es in früheren Zeiten mühsam, teuer, zeitaufwändig oder gänzlich impraktikabel war, umfassende Preis- und Nutzenvergleiche anzustellen, funktioniert dies heute mit einem Fingertipp am Computer oder am Smartphone. An jedem Ort und zu jeder Zeit stehen diese Informationen zur Verfügung. Preisvergleiche bilden dabei eine der Internet-Innovationen mit der größten Breitenwirkung. Gleichwohl stellt sich die Frage, ob Nutzenvergleiche genauso wichtig sind oder werden wie reine Preisvergleiche. Beide Transparenzaspekte haben für die Auswirkungen der Inflation große Bedeutung.

Preistransparenz

Um Preisinformationen zu sammeln, musste man in der alten Welt mehrere Anbieter anrufen, verschiedene Geschäfte aufsuchen, alternative Angebote einholen oder sich gedruckte Testberichte beschaffen und diese lesen. Der Informationsstand der Kunden zu den Preisen unterschiedlicher Anbieter blieb wegen dieses Aufwandes in der Regel niedrig. Heute offerieren eine Vielzahl von Internetdiensten wie preisvergleich.de, preis.de, check24.de, preissuchmaschine.de, billiger.de, guenstiger.de, Google Shopping und idealo.de branchenübergreifend Preisvergleiche. Daneben gibt es für nahezu alle Industriesektoren branchenspezifische Dienste. Billiger-mietwagen.de hilft bei der Suche nach dem preisgünstigsten Mietwagen. Seiten wie expedia.de, opodo.de, kayak.de oder booking.com erlauben Preisvergleiche für Reisen. Spezielle Seiten liefern wesentlich detailliertere Informationen zu Angeboten und Preisen. Ein Beispiel ist flightaware.com. Zusätzlich zu einem detaillierten Real-Time-Überblick zu Flugzeiten und Verspätungen bietet die Seite für die ausgewählte Flugverbindung eine genaue Aufschlüsselung von Flugpreisen und bildet dabei den Minimum-, Maximum- und Durchschnittspreis pro Klasse sowie den Umsatz und die Auslastung ab. Bankrate.com klärt über die Preise von Bankdienstleistungen auf. Die Plattform Spritpreismonitor.de informiert fast minutengenau über die Preise einzelner Tankstellen. Die Mineralölfirmen sind verpflichtet, Preisänderungen innerhalb von fünf Minuten an die Markttransparenzstelle des Bundeskartellamtes zu melden. Insgesamt greifen 70 Prozent der Deutschen auf Online-Preisvergleiche zurück, wobei 20- bis 59-jährige Männer am aktivsten sind. Am häufigsten werden Urlaubsangebote verglichen (48 Prozent), dicht gefolgt von Strom und Gas (47 Prozent), Elektronik- und Haushaltsgütern (45 Prozent), Versicherungen (42 Prozent), Mobilfunkverträgen (39 Prozent), Flügen (35 Prozent) und Hotels (32 Prozent).

Durch Smartphones und andere mobile Endgeräte gewinnt die Preistransparenz eine konkrete lokale Dimension. Mit entsprechenden Apps, wie beispielsweise der iPhone-App »barcoo«, scannt man den Strichcode eines Produktes in einem Geschäft ein und erhält sofort die Information, wie viel dasselbe Produkt in benachbarten Läden kostet. Das setzt der räumlichen und der zeitlichen Preisdifferenzierung, die sich traditionell gut für das sogenannte Fencing eigneten, engere Grenzen. Es wird schwieriger, für identische Produkte oder Dienstleistungen höhere Preise durchzusetzen. Die Kunden sind einfach zu gut informiert und kaufen im Zweifel bei dem billigeren Konkurrenten. In Brasilien hat sich ein Start-up-Unternehmen namens Premise durchgesetzt, das eine Smartphone-App anbietet, welche es den Nutzern erlaubt, Bilder von Lebensmitteln und Informationen über deren Preise mit anderen Nutzern zu teilen. Anhand der ermittelten Daten kann das Unternehmen für den brasilianischen Markt einen Konsumgüterpreisindex für Lebensmittel 25 Tage vor dem offiziellen durch die Regierung ermittelten Index ausweisen.

Laut einer Studie nutzen 40 Prozent aller Konsumenten weltweit ihr Mobiltelefon im Geschäft zum Preisvergleich. Dabei setzen die Südkoreaner (59 Prozent), Chinesen (54 Prozent) und Türken (53 Prozent) ihr Smartphone am regelmäßigsten ein, um Preise zu vergleichen.

Darüber hinaus fördert die soziale Vernetzung über das Internet die Herstellung einer aktiven Preistransparenz. So stieß beispielsweise der US-amerikanische Fastfood-Konzern McDonald's auf vehemente Gegenwehr seiner Kunden, als er eine Preiserhöhung für Cheeseburger um 39 Cent durchsetzen wollte. Innerhalb von 48 Stunden sprachen sich 80 000 Facebook-Follower gegen die Preiserhöhung aus, was McDonald's zum Abblasen der Aktion bewegte.

Es gibt Seiten, die nicht nur Preise bei Aufruf »passiv« vergleichen, sondern die den Nutzer auch aktiv informieren, wenn bestimmte von ihm vorgegebene Preiskonditionen erfüllt werden, zum Beispiel der Preis für ein Produkt eine definierte Höhe unterschreitet. Seiten wie idealo.com oder auch geizkragen.de bieten ihren Nutzern die Option eines Preisalarms, der sie unmittelbar informiert, sobald die Preise für vorab definierte Produkte sinken. Während Hotelplattformen wie hrs.de oder booking.com den günstigsten Preis im Augenblick der Suche bieten, verfolgt trip-rebel.com den Preis für ein gebuchtes Hotelzimmer. Sinkt der Preis im Zeitablauf, so wird die ursprüngliche Buchung gekündigt und automatisch eine neue Buchung zu dem nunmehr günstigeren Preis vorgenommen. Der Kunde kann also davon ausgehen, zu jedem Zeitpunkt nach seiner ersten Buchung den günstigsten Preis zu erhalten. Die Preistransparenz wird mit zunehmender Verfeinerung der Suchmaschinen und Programme weiter zunehmen. Somit verbessert sich die Preisinformation der Verbraucher kontinuierlich.

Wie sich die erhöhte Preistransparenz auf die Preisabsatzfunktion auswirkt, veranschaulicht Abbildung 9.1. Um die Komplexität überschaubar zu halten, wählen wir zunächst die lineare Form.

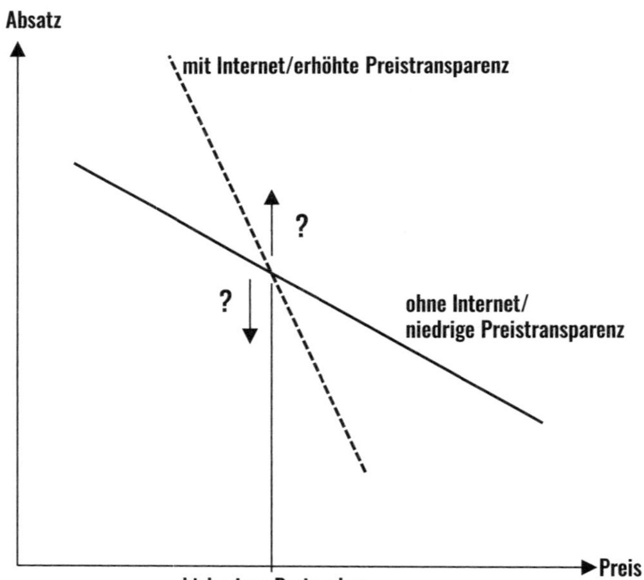

Abb. 9.1 Auswirkungen höherer Preistransparenz auf die Preisabsatzfunktion.

Quelle: eigene Darstellung.

Für günstige Anbieter kann die erhöhte Preistransparenz selbst ohne Preissenkung zu einer Absatzerhöhung führen. Für teure Anbieter gilt das Umgekehrte. Selbst ohne Preiserhöhung kann ihr Absatz zurückgehen, da sie als weniger günstig wahrgenommen werden. Dies wird durch die senkrechten mit Fragezeichen versehenen Pfeile angedeutet. Diese positive oder negative Absatzwirkung tritt ein, wenn Kunden durch das Internet den relativen Preisvorteil oder -nachteil eines Angebotes besser erkennen als bisher. Mit höherer Preistransparenz wird die Preisabsatzfunktion für Preissenkungen beziehungsweise Unterbietungen des Konkurrenzpreises steiler, da mehr Kunden den Preisvorteil wahrnehmen. Umgekehrt geht der Absatz mit höherer Preistransparenz bei Preiserhöhungen beziehungsweise mit größerem positivem Abstand zum Konkurrenzpreis stärker zurück.

Unter Inflationsbedingungen ist vor allem der rechte Ast der Funktion relevant. Die durch das Internet induzierte höhere Preistransparenz erschwert die Durchsetzung von Preiserhöhungen. Dies gilt insbesondere dann, wenn die Konkurrenz nicht mitzieht. Die erhöhte Preiselastizität kann dazu führen, dass der größer werdende Stückdeckungsbeitrag nicht ausreicht, den Absatzrückgang zu kompensieren. In diesem Fall sinkt der Gewinn. Der linke, ebenfalls steilere Ast kann es für Konkurrenten, die niedrigere Kosten haben, vorteilhaft machen, die Preise nicht zu erhöhen oder gar zu senken. Es wird also unter erhöhter Preistransparenz noch wichtiger, dass der Wettbewerb bei den Preiserhöhungen mitzieht.

Man kann diese Überlegungen auf das Gutenberg-Modell aus Abbildung 7.1 übertragen und so weiter detaillieren. Höhere Preistransparenz bewirkt im Gutenberg-Modell ebenfalls eine Erhöhung der Preiselastizität auf beiden Seiten des bisherigen Preises bzw. Konkurrenzpreises. Alle vier Abschnitte der Preisabsatzfunktion werden steiler. Zudem verschieben sich die Schwellenpreise (Knickpunkte). Der rechte Schwellenpreis rückt näher an den Ausgangspreis bzw. Konkurrenzpreis heran, der Spielraum für Preiserhöhungen wird kleiner. Für die Preisbildung bei Inflation bedeuten diese Veränderungen, dass man hinsichtlich des Ausmaßes der Preiserhöhung weniger Spielraum hat und vorsichtig sein muss, nicht außerhalb des monopolistischen Bereiches zu landen und schwere Absatzeinbußen zu erleiden. Hohe Preistransparenz in Verbindung mit Gültigkeit einer Gutenberg-Preisabsatzfunktion erschwert die Gewinnverteidigung insbesondere für Anbieter, die oberhalb des Marktpreises positioniert sind, ohne einen entsprechend höheren Kundennutzen zu bieten. Diese Einsicht führt uns auf die Nutzenseite. Dort eröffnet die Digitalisierung Chancen, den Einfluss höherer Preistransparenz abzumildern.

Nutzentransparenz

Die Erhöhung der Preistransparenz ist bis dato die stärkste Wirkung des Internets im Hinblick auf das Preismanagement. Die Erhöhung der Nutzentransparenz hat jedoch in den letzten Jahren ebenfalls zugenommen und kann längerfristig genauso wichtig werden. Wie das seinerzeit revolutionäre Buch *Das Cluetrain Manifest* von Levine et al. feststellte, ermöglicht das Internet einen bisher nicht gekannten Dialog zwischen großen Zahlen von Kunden.[1] Gute und schlechte Urteile über einen Anbieter oder ein Produkt werden transparent und für jeden Interessierten zugänglich. Domizlaff unterschied seinerzeit zwischen dem »Jahrmarktsverkäufer« und dem »ortsansässigen Kaufherrn«.[2]

Der Jahrmarktsverkäufer tritt nur einmal im Jahr während des Jahrmarktes auf und verschwindet dann wieder. Er verkauft seinen Kunden schlechte Qualität zu überhöhten Preisen. Wenn die Käufer kurze Zeit später die schlechte Qualität bemerken, ist er, der Verkäufer, längst über alle Berge. Kommt er im nächsten Jahr wieder, so erinnern sich die Nachfrager nicht mehr an ihn und fallen wieder auf seine verlockenden Anpreisungen herein. Ganz anders agiert der »ortsansässige Kaufherr«. Er kann sich ein solches Verhalten nicht erlauben. Schlechte Leistungen sprechen sich schnell im Ort herum, und die Kunden werden ihn meiden. Er muss versuchen, »seine Kunden durch Gewinnung ihres Vertrauens zu binden« und »Qualitätsverpflichtung als Voraussetzung eines einträglichen Dauergeschäftes« ansehen.

Etwas vereinfacht gesagt, wird es im Internet auf Dauer keine Anbieter vom Jahrmarktsverkäufertyp, sondern nur noch »ortsansässige Kaufherrn« geben. Schlechte Beurteilungen, die ein Verkäufer bei eBay, ein Hotelier bei booking.com oder ein Fahrer bei Uber erhält, lassen sich kaum durch niedrige Preise kompensieren. Die Informationslage zu Qualität und Vertrauenswürdigkeit, die bisher nur auf lokaler Ebene in überschaubaren, untereinander kommunizierenden Gemeinschaften zu Stande kam, steht im Internet universell zur Verfügung. Es wird für Betrüger und Anbieter minderwertiger Waren schwieriger, wenn nicht gar unmöglich, online ein dauerhaft erfolgreiches Geschäft zu betreiben. Umgekehrt erfährt der Kaufmann, der ein gutes Preis-Leistungs-Verhältnis bietet, durch das Internet eine Aufwertung, denn die Vorteile seines Angebotes werden unabhängig von Ort und Zeit kommuniziert. Natürlich gibt es im Internet im großen Stil Manipulationen der Feedbacks, aber mit zunehmender Verbreitung und höheren Beurteilerzahlen werden solche Manipulationen schwieriger. Im Übrigen versuchen die Seitenanbieter, Manipulationen durch entsprechende Kontrollsoftware zu unterbinden.

Die Auswirkungen erhöhter Nutzentransparenz veranschaulicht Abbildung 9.2, wiederum im Sinne der Komplexitätsvermeidung für den linearen Fall.

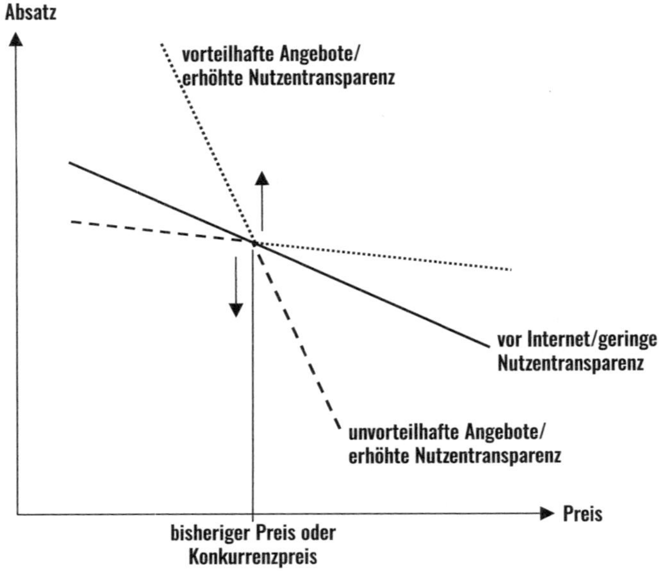

Abb. 9.2: Auswirkungen erhöhter Nutzentransparenz auf die Preisabsatzfunktion.

Quelle: eigene Darstellung.

Die Wirkungen auf die Preisabsatzfunktion und damit auf die Preiselastizität unterscheiden sich fundamental je nachdem, ob ein Angebot im Internet als vorteilhaft beziehungsweise unvorteilhaft beurteilt wird. Bei erhöhter Nutzentransparenz gilt für vorteilhaft beurteilte Angebote (gepunktete Linien):

- Bei gegebenem Preis steigt der Absatz, durch den nach oben weisenden Pfeil angedeutet;
- Preissenkungen bzw. Unterbietungen des Konkurrenzpreises bewirken einen stärkeren Absatzzuwachs;
- Preiserhöhungen bzw. Überbietungen des Konkurrenzpreises bewirken einen schwächeren Absatzrückgang.

Für unvorteilhaft beurteilte Angebote gilt das Umgekehrte:

- Bei unverändertem Preis sinkt der Absatz, durch den nach unten weisenden Pfeil angedeutet;
- Preissenkungen bzw. Unterbietungen des Konkurrenzpreises bewirken einen schwächeren Absatzzuwachs;
- Preiserhöhungen bzw. Überbietungen des Konkurrenzpreises bewirken einen stärkeren Absatzrückgang.

Die Wirkungen sind also in Abhängigkeit von den Kundenbeurteilungen in hohem Maße asymmetrisch. Bei schlechter Bewertung verliert der Preis seine Wirksamkeit als Wettbewerbswaffe. Ein Hotel mit schlechter Bewertung wird selbst durch aggressive Preise für viele Kunden nicht attraktiv.

Man kann diese Überlegungen auf die Gutenberg-Preisabsatzfunktion ausdehnen. Bei positiven Bewertungen wird der monopolistische Bereich für Preiserhöhungen größer und derjenige für Preissenkungen kleiner. Das sind dieselben Wirkungen, die mit höherer Pricing Power einhergehen. Positive Bewertungen verstärken die Pricing Power, negative Bewertungen schwächen sie. Man kann auch sagen, dass Nutzenbewertungen die Wirkungen erhöhter Preistransparenz modifizieren.

Aus diesen Überlegungen ergeben sich mehrere Schlussfolgerungen:

- Unternehmen mit positiver Nutzenbewertung können Preiserhöhungen in der Inflation leichter durchsetzen als solche mit negativer Bewertung.
- Auch der Spielraum für Preiserhöhungen erweitert sich bei positiver Bewertung.
- Die Gefahr, dass man von Anbietern mit schlechter Bewertung preislich unterboten wird, verringert sich, da der Preis bei schlechter Bewertung als Wettbewerbswaffe weniger effektiv ist.

Im Kern lassen sich die Nutzenbewertungen als Treiber von Pricing Power interpretieren. Unternehmen mit hoher Bewertung erhalten mehr Pricing Power und sind in Inflationszeiten im Vorteil. Allerdings sind glaubwürdige Bewertungen, ähnlich wie Pricing Power, generell nicht kurzfristig generierbar, sondern lassen sich nur durch Verbesserungen von Produkt und Service beeinflussen, was in der Regel schwierig und langwierig ist. Es kommt also darauf an, dass man bereits vor der Inflation gute Bewertungen hatte, die dann in die Phase der Teuerung transferiert werden. Auch das ist eine Ähnlichkeit mit Kundennutzen und Pricing Power. Sie müssen vor der Inflationsphase entstehen.

Grenzkosten von Null

Eine Besonderheit der Digitalisierung besteht darin, dass die Grenzkosten für eine zusätzliche Leistungseinheit oder einen zusätzlichen Kunden gegen Null tendieren. Jeremy Rifkin hält dieses Phänomen für derart revolutionär, dass er daraus in dem Buch *Die Null-Grenzkosten-Gesellschaft* sogar den »Rückzug des Kapitalismus« ableitet.[3] Er begründet dies damit, dass sich die Preise den Grenzkosten annähern. Wenn letztere gegen Null gingen, sänken auch die Preise gegen Null und kein kapitalistischer Unternehmer wäre mehr bereit, zu solchen Preisen zu produzieren. Also müsse diese Rolle von jemand anderem, zum Beispiel vom Staat oder von Non-Profit-Organisationen, übernommen werden. Das sei das Ende des Kapitalismus.

Rifkin weitet sein Null-Grenzkosten-Paradigma auf zahlreiche Bereiche aus. Dazu zählen Bildung durch »Massive Open Online Courses« (sogenannte MOOCs), Energie aus Wind- und Solaranlagen sowie die sogenannte Sharing-Economy. In der Sharing-Economy werden ohnehin vorhandene, aber ungenutzte Kapazitäten wie private Zimmer oder Autos einer nutzenstiftenden Verwendung zugeführt. Diese, wenn auch nicht grundsätzlich neuen, so doch in der Breite enorm erweiterten Phänomene sind für die Bewältigung der Inflation bedeutsam.

Die Grenzkosten sind zwar selten wirklich Null. Rifkin selbst spricht im Text seines Buches, anders als im plakativen Titel, richtigerweise von »Nahezu-Null-Grenzkosten«. Bei Grenzkosten von Null ist der gewinnmaximale Preis mit dem umsatzmaximalen Preis identisch. Im Umsatzmaximum hat die Preiselastizität den Wert -1. Preisänderungen und Absatzänderungen sind prozentual gleich.

Grenzkosten von Null führen zur Verschärfung des Preiswettbewerbs, da die kurzfristige Preisuntergrenze bei den Grenzkosten liegt. Wenn diese gegen Null gehen, bewegt sich auch die kurzfristige Preisuntergrenze gegen Null. Es überrascht aus dieser Sicht nicht, dass es im Internet viele extrem niedrige Preise und auch Preise von Null gibt. So erzielt ein Anbieter, der dringend Liquidität braucht, bei Grenzkosten von Null und einem nur knapp darüber liegenden Preis immer noch einen Deckungsbeitrag und einen Cashflow.

Aus den Null-Grenzkosten-Wirkungen von Internet und Sharing-Economy ergeben sich gravierende Auswirkungen auf Geschäftsmodelle, Preisniveaus und Wettbewerb. Die Musikindustrie hat dies über Jahre massiv zu spüren bekommen. Ähnliches gilt für Medien, und zwar sowohl gedruckte wie digitale. Die Fähigkeit des Internets, die Distribution von Content zu Grenzkosten von quasi Null zu erbringen, schlägt massiv auf die Preise durch. Das Internet macht zwischengeschaltete Agenten überflüssig und entzieht diesen die Umsatzbasis. Das Bankwesen wird sich durch Fintechs radikal verändern. Anders als herkömmliche, manuell bearbeitete Transaktionen verursachen digital abgewickelte Zahlungen oder Wertpapierkäufe nur äußerst niedrige Grenzkosten. Trade Republic berechnet für Wertpapiertransaktionen unabhängig von der Höhe nur einen Euro. Traditionelle Geschäftsmodelle, die mit deutlich höheren Grenzkosten arbeiten, verlieren ihre preisliche Wettbewerbsfähigkeit und verschwinden. Nicht weniger dramatische Wirkungen auf Preise und Preiswettbewerb gehen von der Sharing-Economy aus. Die Vermietung ungenutzter privater Zimmer über Airbnb ist eine scharfe Konkurrenz für Hotels.

Bei der Diskussion um Grenzkosten von Null sollte allerdings eine fundamentale Einsicht nicht vergessen werden. Diese kommt bei Rifkin zu kurz. Die Grenzkosten definieren nämlich nur die kurzfristige Preisuntergrenze. Hingegen wird die langfristige Preisuntergrenze von den Vollkosten, das heißt den Grenzkosten und den umgelegten Fixkosten, bestimmt. Langfristig kann kein Unternehmen nur von Deckungsbeiträgen leben, sondern die Deckungsbeiträge müssen höher sein als die Fixkosten, das heißt die Break-Even-Menge muss überschritten werden. Nur dann wird ein Gewinn erzielt und nur mit Gewinn wird ein Unternehmen auf Dauer überleben. Die Schlussfolgerungen von Rifkin hinsichtlich der Zukunft des Kapitalismus überzeugen insofern nicht. Ja, Grenzkosten von Null werden für eine Verschärfung des Preiswettbewerbs sorgen, aber sie werden die grundlegenden Gesetze der Ökonomie und die Bedeutung des Gewinns als »cost of survival« nicht außer Kraft setzen.[4]

1. Wie steht es nun um den Zusammenhang von Null-Grenzkosten und Inflation? Wenn die Grenzkosten gleich Null sind oder nahe an Null liegen, dann hat die Inflation auf diese nur einen geringen Einfluss. Das bedeutet, dass die Preisuntergrenze bei oder nahe an Null bleibt. Der optimale Preis bleibt nach wie vor beim oder nahe am Umsatzmaximum. Dieses verschiebt sich allerdings, wenn die Preisbereitschaften der Nachfrager im Zuge der Inflation steigen. Dann steigt auch der optimale Preis. Die Inflation schlägt aber voll auf die Fixkosten durch.

Daraus folgt, dass die Break-Even-Menge steigt, wobei wir zwei Fälle unterscheiden können: Die Grenzkosten bleiben bei oder nahe an Null, die Preisbereitschaft ändert sich nicht, die Fixkosten steigen: Der optimale Preis bleibt unverändert beim Umsatzmaximum, die Break-even-Menge steigt.

2. Die Grenzkosten bleiben bei oder nahe an Null, die Preisbereitschaft steigt, die Fixkosten steigen: Der optimale Preis steigt mit der Preisbereitschaft. Wie sich die Break-even-Menge verändert, hängt vom relativen Anstieg der Fixkosten und der Preisbereitschaft ab.

Im Ergebnis bleibt festzustellen, dass Grenzkosten von oder nahe an Null im Vergleich zu Ökonomien mit signifikant positiven Grenzkosten einen dämpfenden Effekt auf die Inflation bei digitalen Produkten ausüben. Allerdings nimmt der Druck, große Mengen und Kundenzahlen zu erreichen, mit der Inflation zu, da die Break-even-Mengen steigen.

Zusammenfassung

Wir halten folgende Punkte zu Inflation und Digitalisierung fest:

- Die Digitalisierung hat eine radikale Erhöhung der Transparenz bewirkt. Das gilt am stärksten für die Preistransparenz. Aber auch die Nutzentransparenz gewinnt kontinuierlich an Bedeutung.
- Mit erhöhter Preistransparenz nehmen die Steigung der Preisabsatzfunktion und die Preiselastizität zu. Inflationsinduzierte Preiserhöhungen haben einen stärker negativen Effekt und lassen sich schwerer durchsetzen. Dies gilt umso mehr, je weniger die Konkurrenz bei den Preiserhöhungen mitzieht.

- Positive oder negative Nutzenbewertungen führen zu asymmetrischen Reaktionen der Nachfrage und der Preiselastizität.
- Positive Bewertungen reduzieren die Preiselastizität von Preiserhöhungen. Gilt eine Gutenberg-Funktion, so vergrößert sich der monopolistische Bereich. Es gibt mehr Spielraum für und geringere Absatzrückgänge bei Preiserhöhungen. Positive Bewertungen erhöhen die Pricing Power.
- Für negative Bewertungen gilt das jeweilige Gegenteil. Insbesondere verlieren Preissenkungen ihre Effektivität als Wettbewerbswaffe.
- Bei Grenzkosten von Null oder nahe an Null liegt der optimale Preis beim Umsatzmaximum. Verändert sich die Preisbereitschaft nicht, so bleibt auch der Preis unverändert. Null-Grenzkosten wirken insofern inflationsdämpfend. Es entsteht jedoch ein verstärkter Wachstumsdruck, da die Break-even-Mengen steigen.

Kapitel 10

Taktisches Pricing anwenden

In diesem Kapitel behandeln wir taktische Preismaßnahmen gegen die Inflation. Diese Modelle werden auch unter preisstabilen Umständen eingesetzt. Unter Inflationsbedingungen sind sie teilweise zu modifizieren. Zum Beispiel werden kaufkraftschwache Kunden von hoher Teuerung stärker betroffen als kaufkraftstarke Verbraucher. Daraus ergibt sich eine Neujustierung der Preisdifferenzierung.

Preisgleitklauseln

Eine elementare und wirksame Maßnahme gegen Inflation sind Preisgleitklauseln. Sie antizipieren und automatisieren notwendige Preissteigerungen und können damit den Widerstand von Kunden abmildern. Solche Klauseln sind weit verbreitet. In gewerblichen Mietverträgen sind Klauseln wie die folgende Standard: »Sollte der monatliche Verbraucherpreisindex jeweils um mehr als 5 Prozent gegenüber dem Stand bei Mietbeginn oder nach eingetretener Mietänderung gestiegen oder gefallen sein, so erhöht oder ermäßigt sich die Miete im gleichen Verhältnis. Die Veränderung tritt automatisch in dem Monat in Kraft, in dem die Indexänderung eingetreten ist.« Hier ist eine Schwelle der Indexänderung von 5 Prozent vereinbart. Die Preisanpassung wirkt in beide Richtungen, was aber in der Realität reine Theorie ist, denn es hat in den letzten Jahrzehnten keine Indexanpassung nach unten in dieser Höhe gegeben. Varianten solcher Mietanpassungsklauseln beinhalten jährliche Anpassungen oder lassen eine Erhöhung nur in Höhe eines bestimmten Anteils der Indexerhöhung zu, beispielsweise bei 10 Prozent Indexanstieg eine Mieterhöhung um 7 Prozent. Je nach Gestaltung wird das Risiko der Preissteigerung auf Vermieter und Mieter unterschiedlich verteilt. Eine jährliche Anpassung ist normalerweise vom Vermieter erwünscht. Bei hohen Inflationsraten von mehr als 7 Prozent wie im Jahr 2022 kann das aber durchaus für den Vermieter nachteilig sein. Bei der Schwelle von 5 Prozent aufwärts kann er die Miete nämlich innerjährig erhöhen. Die Rentenanpassung folgt einem ähnlichen Grundgedanken, wobei die Basis die Bruttolohnentwicklung des vorangegangenen Jahres ist.

Im Business-to-Business-Geschäft sind Preisgleitklauseln üblich und dringend angeraten. So sollte beispielsweise eine Spedition, die längerfristige Verträge abschließt, unbedingt eine Preisgleitklausel für Treibstoffe einbauen. Ein großer LKW hat eine Tankfüllung von 1300 Litern. Bei der im Frühjahr 2022 eingetretenen Preisexplosion von Kraftstoffen stieg der Dieselpreis zeitweise um 50 Cent oder mehr gegenüber dem früheren Niveau. Das bedeutet, dass für eine Tankfüllung 650 Euro mehr anfallen. Wenn eine Spedition längerfristige Verträge ohne Preisgleitklausel für Kraftstoff hat, wird sie unter diesen Umständen nicht lange überleben.

In der industriellen Praxis greift man in der Regel auf standardisierte Preisgleitklauseln zurück. Eine gebräuchliche Preisformel ist die der »United Nations Economic Commission for Europe«, bei der Material- und Lohnkosten sowie deren Veränderungen einbezogen werden. Probleme bei der praktischen Anwendung komplexer Preisgleitklauseln bereiten die Bestimmung der Gewichte und Basiswerte sowie die Kontrolle der einzelnen Elemente. Diese Daten sind oft nur unzureichend bekannt (etwa der Lohnanteil am Preis). Deswegen orientiert man sich häufig an »branchenüblichen« Durchschnitten. Mit Preisgleitklauseln ist stets Planungsunsicherheit für den Kunden verbunden, so dass viele Kunden auf Festpreisen bestehen. Hinzu kommt, dass aus Anbietersicht Transparenz hergestellt werden muss. Kunden fordern meist eine umfassende Aufspaltung der Preisformel. Anbieter wollen aber in der Regel ihre Kalkulation nicht vollständig offenlegen.

Doch auch Preisgleitklauseln führen nicht immer zu optimalen Resultaten. Das zeigt der Fall eines Herstellers, dessen Produkte einen hohen Kupferanteil aufwiesen und der deshalb seinen Endpreis an den Kupferpreis anband. Da die übrigen Kosten und die Preisbereitschaft der Kunden sich jedoch anders entwickelten als der Kupferpreis, entstand mit dem starken Anstieg des Kupferpreises eine im Zeitablauf immer weniger wettbewerbsfähige Preisposition.

Bei Neufassungen von Preisgleitklauseln kann die Technik der Smart Contracts eingesetzt werden. Smart Contracts sind Programme, die auf einer Blockchain gespeichert sind und ausgeführt werden, wenn bestimmte Bedingungen erfüllt sind. Beispiele können das Erreichen bestimmter Werte des Verbraucherpreisindexes, von Rohstoffindizes oder Lieferzeiten sein. Smart Contracts werden verwendet, um die Ausführung einer Vereinbarung zu automatisieren, so dass alle Beteiligten sofort Gewissheit über das Ergebnis haben, ohne dass ein Vermittler beteiligt ist oder Zeit verloren geht. Sie können auch einen Arbeitsablauf automatisieren und die nächste Aktion auslösen, wenn die Bedingungen erfüllt sind.

Mit Preisgleitklauseln verhält es sich im Übrigen ähnlich wie mit der Pricing Power. Man sollte sie vor dem Einsetzen der Inflation in die Verträge eingebaut haben. Wenn die Inflation da ist, wird es schwierig, einen Vertrag zu ändern. Jedenfalls sind sie für neue, länger laufende Verträge unverzichtbar. Gegenüber Verbrauchern unterliegen Preisgleitklauseln vielfachen rechtlichen Beschränkungen. Dazu sagt ein Anwalt: »Preisanpassungs- oder -änderungsklauseln gehören zu den kompliziertesten Regelungsgegenständen sowohl in der Vertragsgestaltung als auch der Gesetzgebung.«[1]

Verträge ohne Preisgleitklauseln

Ohne Preisgleitklauseln können sich Preiserhöhungen schwierig gestalten. In vielen auf Dauer angelegten Geschäftsbeziehungen mit Verbrauchern war es früher üblich, dass Preisanpassungen oder Änderungen der allgemeinen Geschäftsbedingungen als akzeptiert galten, wenn nicht innerhalb einer bestimmten Frist widersprochen wurde. Für Banken hat der Bundesgerichtshof am 27. April 2021 entschieden, dass solche Änderungen von Kunden immer ausdrücklich bestätigt werden müssen.[2] Stimmt ein Kunde nicht zu, so endet die Geschäftsbeziehung. Manche Dienstleister versuchen, die Zustimmung mit Tricks zu erreichen. Die Fitnessstudio-Kette McFit erhöhte 2022 den monatlichen Beitrag von 19,90 Euro auf 24,90 Euro. Das entspricht einer kräftigen Erhöhung von 25,1 Prozent. Um die Zustimmung der Kunden auf einfache, konkludente Weise einzuholen, brachte McFit an den Eingängen zu den Studios ein Schild mit folgender Aufschrift an »Durch das Passieren des Drehkreuzes erklärst du diese Zustimmung.« Die Verbraucherzentrale hält dieses Vorgehen für problematisch und erklärt, ein nachträglicher Widerspruch gegen die Preiserhöhung sei möglich.[3] In anderen Branchen sind Preiserhöhungen hingegen ohne aktive Zustimmung der Kunden üblich. Ein Beispiel sind Zeitungen und Zeitschriften, die durch eine einfache Meldung in einer Ausgabe höhere Preise meist verbunden mit einem Hinweis auf gestiegene Kosten und die Sicherung hoher Qualität verkünden. Auch in diesen Fällen kann der Kunde widersprechen, was aber auf eine Kündigung des Abonnements hinausläuft.

Das Fehlen von Preisgleitklauseln führt zu unangenehmen Konsequenzen. Viele Bauherren und öffentliche Auftraggeber verlangen Festpreise und akzeptieren Preisgleitklauseln nicht. Das führt in der aktuellen Inflation dazu, dass sie keine Angebote von Handwerkern bekommen. Denn Handwerker und Dienstleister wollen nicht das Risiko eingehen, Angebote auf Basis nicht vorhersehbarer Beschaffungskosten abzugeben. In den USA führt das Problem zu ersten gerichtlichen Auseinandersetzungen. Der Elektroautohersteller Rivian hat den Zulieferer Commercial Vehicle Group verklagt, weil dieser für die gelieferten Autositze das nahezu Doppelte des ursprünglich vereinbarten Preises von 775 US-Dollar verlangt. Es geht um einen Auftrag von 100 000 Fahrzeugen für Amazon. Eine solche Situation ist für beide Partner äußerst schwierig. Der Zulieferer geht möglicherweise bankrott, wenn er angesichts eigener gestiegener Kosten nur den ursprünglichen Preis erhält. Die Kalkulation des Autoherstellers gerät völlig aus den Fugen, wenn er für die Sitze den doppelten Preis zahlen muss.[4]

Preisdifferenzierung

Die im Folgenden vorgestellten Preistaktiken haben ein gemeinsames Ziel, nämlich Unterschiede in den Preisbereitschaften der Kunden abzuschöpfen. Das geschieht durch Preisdifferenzierung. Um das Gewinnpotenzial der Preisdifferenzierung zu erklären,

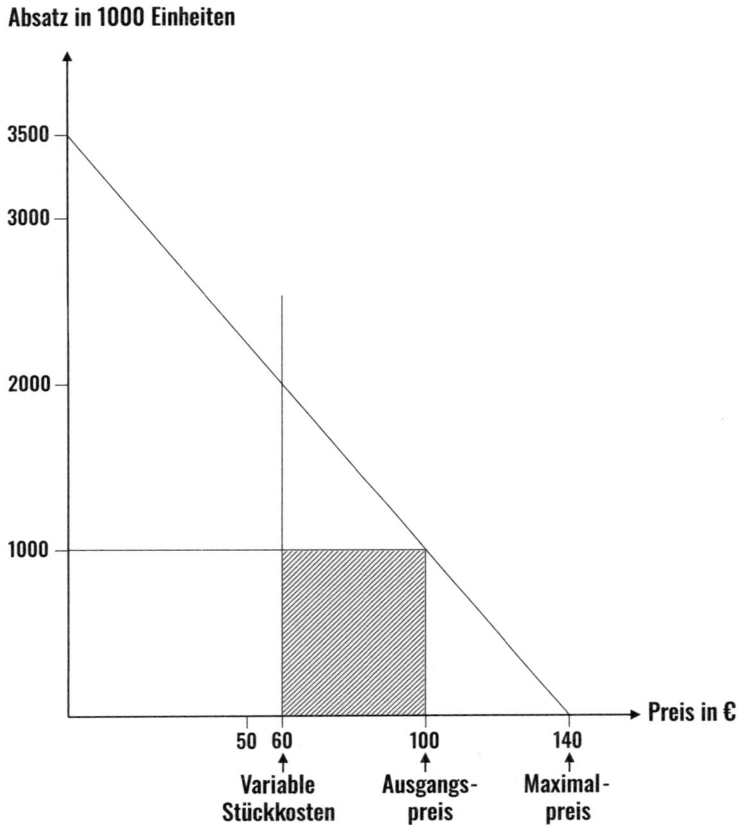

Abb. 10.1: Preisdifferenzierung – vom Rechteck zum Dreieck (s. rechte Seite).

Quelle: eigene Darstellung.

betrachten wir Abbildung 10.1, deren Struktur wir bereits aus Abbildung 5.2 kennen.

Die linke Seite von Abbildung 10.1 zeigt den Fall mit nur einem, dem sogenannten »uniformen« Preis von 100 Euro, bei dem eine Million Einheiten abgesetzt werden. Der resultierende Deckungsbeitrag von 40 Millionen Euro entspricht dem schraffierten Rechteck. Zieht man die Fixkosten von 30 Millionen

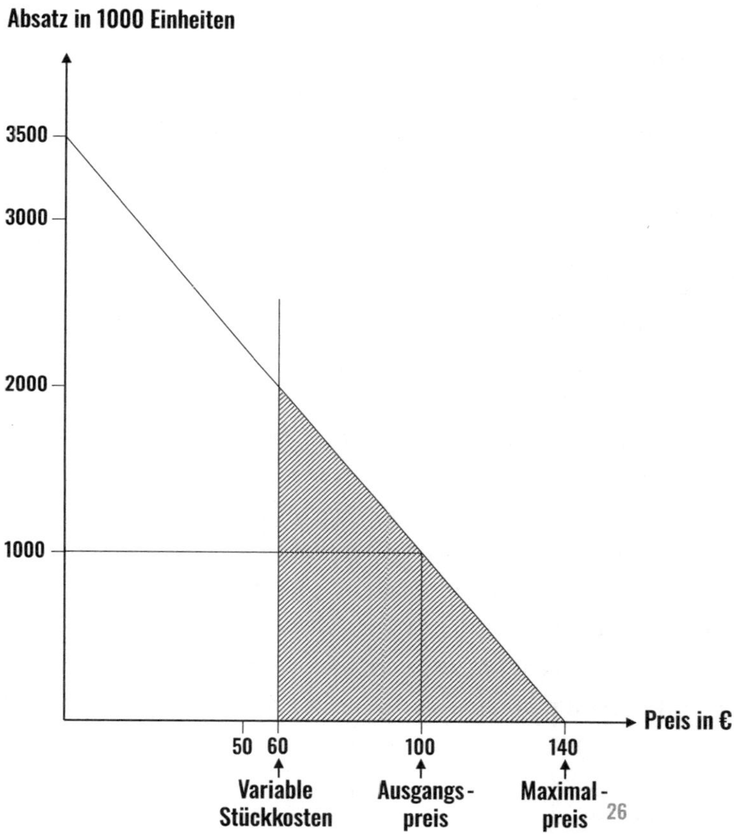

Euro ab, so ergibt sich der Gewinn von 10 Millionen Euro. Das Potenzial für den Deckungsbeitrag und damit für den Gewinn ist aber wesentlich höher. Es entspricht nämlich dem schraffierten Dreieck im rechten Teil von Abbildung 10.1, das von der Preisachse, den variablen Stückkosten (Grenzkosten) und der Preisabsatzfunktion gebildet wird. Im Fall linearer Preisabsatz- und Kostenfunktionen ist dieses Potenzialdreieck doppelt so groß wie das Rechteck, das man mit einem uniformen Preis herausschneidet. Wenn es also im Beispiel gelingt, durch differenzierte Preise das volle Dreieck auszuschöpfen, verdoppelt sich der Deckungsbeitrag auf 80 Millionen Euro. Der Gewinn verfünffacht sich sogar auf 50 Millionen Euro (80 Millionen Deckungsbeitrag minus 30 Millionen Fixkosten). Die Herausforderung ist, vom »Rechteck zum Dreieck« zu gelangen. Die naheliegendste Methode besteht darin, unterschiedliche Preise von den Kunden zu verlangen. Der Kaufmann im orientalischen Basar versucht dies, indem er Kaufkraft und Preisbereitschaft der Kunden subjektiv abschätzt und bei den Kaufkräftigeren einen höheren Preis fordert. In der Praxis moderner Märkte, vor allem angesichts der durch das Internet erhöhten Preistransparenz, besteht allerdings die Gefahr, dass die Kunden, die eigentlich höhere Preise zahlen können und sollen, die niedrigeren Preise entdecken und zu diesen kaufen. Die Preisdifferenzierung käme dann einer Preissenkung mit entsprechend negativen Gewinnkonsequenzen gleich. Preisdifferenzierung ist insofern nicht ohne Risiko und ergibt nur Sinn, wenn man die Kunden nach Kaufkraft und Preisbereitschaft trennen kann. Diese Separierung nennt man Fencing. Um wirksam zu sein, erfordert Fencing in aller Regel eine ergänzende Differenzierung auf der Ebene von Produkt, Distributionskanal, Marke oder weiterer Attribute. Das wiederum ist mit erhöhten Kosten verbunden.

Welche Bedeutung kommt nun der Preisdifferenzierung in der Inflation zu? Es ist davon auszugehen, dass die Preisbereitschaften von inflationären Tendenzen verändert werden. Bei welchen Kunden lassen sich Preiserhöhungen am ehesten durchsetzen? Welche Kunden wissen den Wert der Produkte und Dienstleistungen des Unternehmens besonders zu schätzen – und lassen sich langfristig an das Unternehmen binden? Wie können die eigenen Leistungen und Gegenleistungen der Kunden erhöht werden? Gibt es Kunden, bei denen die Preise aus ethischen Gründen weniger angepasst werden sollten.[5] Verbraucher mit geringer Kaufkraft reagieren tendenziell preisempfindlicher oder verzichten ganz auf den Erwerb bestimmter Produkte, während wohlhabende Kunden von der Inflation weniger betroffen sind und ihre Preisbereitschaften sich weniger verändern. Falls eine solche Konstellation in der Inflation auftritt, sollte die bisherige Preisspreizung vergrößert werden. Das heißt, die Preise der billigeren Varianten werden prozentual oder absolut weniger erhöht werden als die Preise der Premiumvarianten. Das gilt auch für die Preise in unterschiedlichen Distributionskanälen. In preisempfindlichen Kanälen sollte man mit Preiserhöhungen vorsichtiger sein als in Premiumkanälen. Diese Überlegungen gelten keineswegs nur für Konsumgüter, sondern auch für den B2B-Bereich. Dort sind verhandelte Preise ohnehin viel stärker verbreitet und uniforme Preise seltener als bei Konsumgütern. Die Preistransparenz ist tendenziell in B2B-Märkten niedriger, die Preisdifferenzierung entsprechend stärker ausgeprägt. Für ein Fallbeispiel sei auf Abbildung 12.3 verwiesen. In den nächsten Abschnitten stellen wir komplexere Taktiken der Preisdifferenzierung dar. Wir beschränken uns dabei auf spezielle Inflationseffekte und verweisen bezüglich der grundsätzlichen Logik dieser Taktiken auf die Literatur.[6]

Less Expensive Alternative (LEA)

Auf eine inflationsgetriebene größere Preisempfindlichkeit kann man mit einem billigeren Produkt, einer sogenannten Less Expensive Alternative (LEA), antworten. Oft wird dieses Angebot als Zweitmarke eingeführt, um eine Kannibalisierung der Hauptmarke zu vermeiden. Ein Hersteller von Spezialchemikalien erlebte, dass seine früher einzigartigen Silikonprodukte für viele Kunden zu teuer wurden. Bei weiteren Preiserhöhungen sprangen Kunden, die keine entsprechend hohe Nutzeneinschätzung hatten, ab. Kostenmäßig war die Preiserhöhung gleichwohl unumgänglich. Man entschied sich, eine LEA einzuführen, die preislich etwa 20 Prozent niedriger positioniert war. Für die LEA gab es nur minimalen Service, bestellt werden konnten nur ganze Tankzüge, die Lieferzeiten waren mit sieben bis 20 Tagen relativ lang, so dass freie Produktionskapazitäten genutzt werden konnten. Kundenspezifische Anpassungen waren nicht möglich. Nach Einführung der LEA erlebte die Firma ein zweistelliges Wachstum. Die Less Expensive Alternative verlieh dem Unternehmen einen neuen Wachstumsschub. Die Kannibalisierung mit der Hauptmarke hielt sich in Grenzen.

Preisdifferenzierung nach Produktkategorien

Eine weitere Dimension der Preisdifferenzierung betrifft Produktkategorien. Die Preisempfindlichkeit von Verbrauchern unterscheidet sich nach Produktkategorien. In Abbildung 2.3 haben wir gesehen, dass die Mehrheit der Verbraucher beim Einkauf verstärkt auf den Preis achtet, während nur 18 Prozent beim Urlaub sparen wollen. Das Urlaubsbudget der Deutschen erscheint »unantastbar«. Der Tourismusexperte Martin Lohmann meint dazu: »Der Urlaub rangiert unter den Deutschen seit Jahren weit oben in der Liste der Dinge, für die sie besonders gerne Geld ausgeben. Da will ich dann auch nicht sparen, sondern mir was gönnen. Stattdessen greife ich dann, wenn das Nutellaglas 30 Prozent teurer wird, beim nächsten Mal lieber zur Eigenmarke.«[7] In den USA zeigen sich ähnliche Tendenzen. So liest man im *Wall Street Journal,* dass Verbraucher, die während Covid-19 nicht verreisen konnten, hohe Preise akzeptieren, wenn es um Urlaub und Reisen geht.[8] Diese scheinbare Widersprüchlichkeit findet eine Erklärung in der sogenannten Mental-Accounting-Theorie. Gemäß dieser Theorie teilen die Verbraucher ihre Transaktionen in unterschiedliche mentale Konten ein und geben ihr Geld je nach Konto mehr oder weniger leicht aus.[9] Die Konten können nach unterschiedlichen Kriterien gebildet sein, beispielsweise Essen, Urlaub, Hobby, Auto, Geschenke. Eine solche Kategorisierung hilft dem Verbraucher, seine Ausgaben zu planen und den Überblick zu behalten (z. B. ich gebe für Urlaub maximal x Euro aus). Je nach Konto fallen Ausgabeverhalten und Preisempfindlichkeit unterschiedlich aus. Es kommt hinzu, dass es seit dem Beginn von Covid-19 wenig Gelegenheit gab, Geld für Urlaub, Freizeitaktivitäten und Restaurantbesuche auszugeben. Viele Verbraucher haben auf den entsprechenden Mentalkonten Polster angespart und sehnen sich danach, sich diesbezüglich etwas zu gönnen.

Diese Gegebenheiten führen dazu, dass sich Preiserhöhungen sehr unterschiedlich durchsetzen lassen. Es wäre ein Fehler, wenn ein Unternehmen, das in Geschäften tätig ist, die zu unterschiedlichen Mentalkonten gehören, seine Preise quer Beet erhöhen würde. REWE ist nicht nur im Lebensmittelhandel, sondern auch im Tourismus mit der DER Touristik Group ein großer Spieler. Wenn die aufgeführten Hypothesen zutreffen, haben beide Geschäfte sehr unterschiedliche Preiserhöhungsspielräume.

Verkleinerung der Packung

Eine Methode, offene Preiserhöhungen zu vermeiden, besteht in der Verkleinerung der Packung. Wenn man das Überspringen bestimmter Preisschwellen vermeiden will oder zum Beispiel an runde Preise bei Automatenpackungen gebunden ist, kann sich diese Methode empfehlen oder sogar notwendig sein. Ansonsten besteht das Risiko, dass sie von den Verbrauchern als Trick oder Täuschung empfunden wird. Verbreitet sind solche Maßnahmen bei Produkten mit beliebiger Teilbarkeit und geringer Standardisierung der Packungsgrößen (zum Beispiel Fruchtsäfte). Auch die Zahl der Zigaretten in einer Packung wird häufig angepasst, um bestimmte absolute Preise halten zu können. Auf einer Internetseite werden zahlreiche Beispiele aufgeführt und als »Mogelpackungen« bezeichnet.[10] Starke Beachtung fand vor Jahren eine solche Maßnahme bei Tchibo-Kaffee. Presse und Verbraucher reagierten sehr negativ, so dass Tchibo schnell wieder auf die alte Packungsgröße von 500 Gramm zurückging. Dass die Reduktion der Verpackung auch nicht immer vom Handel mitgetragen wird, zeigt das Beispiel der Drogeriemarktkette dm, die bei einer Zahnpasta von Colgate-Palmolive mit einem Hinweisschild darauf aufmerksam machte, dass die Verpackung verkleinert wurde, der Preis jedoch gleich geblieben sei. Um das Überschreiten einer gravierenden Preisschwelle zu vermeiden, können solche Maßnahmen erwogen werden. Ansonsten werden sie als Trickserei wahrgenommen und können zu sehr nachteiligen Reaktionen bei Verbrauchern und Handel führen. Verpackungsverkleinerungen sind bei anhaltenden Preissteigerungen zudem nicht mehrfach einsetzbar, insgesamt also als Instrument gegen die Inflation wenig geeignet.

Preisschwellen

Unter Preisschwellen versteht man bestimmte Preise, bei deren Überschreiten starke Absatzrückgänge erwartet werden. Solche Preisschwellen liegen bei runden Zahlen wie 1, 5, 10 oder 100. Viele Preise enden knapp darunter, sehr häufig auf die Ziffer 9. Kucher fand heraus, dass von 18 096 untersuchten Preisen

43,5 Prozent eine 9 als Endziffer hatten.[11] Preise mit der Endziffer 0 kamen hingegen in der gesamten Stichprobe nicht vor. In der Tankstellenbranche enden praktisch alle Preisziffern mit einer 9, und zwar nicht auf den vollen Cent, sondern auf den Cent-Bruchteil, also 0,1 Cent unter dem vollen Cent.

In preisstabilen Zeiten vermeiden Unternehmen das Durchbrechen von Preisschwellen. Unter Inflationsbedingungen sind Preisschwellen aus mehreren Gründen weniger problematisch. Die Wahrscheinlichkeit, dass die Konkurrenten ebenfalls Interesse haben, die Schwelle zu überschreiten, ist größer, und die Verbraucher erleben häufiger, dass Preisschwellen durchbrochen werden. Zudem ist ihr Referenzpreissystem gestört. Tendenziell gilt unter diesen Umständen, dass eine Preisschwelle nicht von notwendigen Preiserhöhungen abhalten sollte. Auch ein Aufschieben der Entscheidung löst das Problem letztlich nicht, da die nächste Preiserhöhung, die dann die Schwelle überschreiten muss, nicht lange auf sich warten lässt.

Rabatte

Viele Preismodelle in der Praxis beruhen auf der Idee eines hohen Listenpreises, auf den ein hoher Rabatt gewährt wird. Diese Kombination ist sinnvoll, wenn von der Rabattgewährung eine stark absatzfördernde Wirkung ausgeht. Eine absurd anmutende Form ist das in den USA beliebte Cash-Back-Modell. Der Kunde zahlt dabei für ein Auto 30 000 Dollar per Kreditkarte und erhält anschließend 2 000 Dollar in bar zurück. Auch in Deutschland, etwa im Möbelhandel, sind sogenannte »Mondpreise« populär, auf die kräftige Rabatte gewährt werden. Unter Inflationsbedingungen sind solche Systeme in Frage zu stellen. Die Preiserhöhung auf den Listenpreis kann Kunden abschrecken. Dies gilt insbesondere, wenn der Listenpreis gut sichtbar ist, während der Rabatt eher intransparent bleibt. Das Spiel mit den Rabatten sollte also bei Inflation mit Bedacht und Vorsicht gehandhabt werden. Rabattreduktionen sind faktisch Preiserhöhungen, mit möglicherweise geringerem Widerstand der Kunden. So verwundert es nicht, dass die Rabatte für Neuwagen im Verlauf der Inflation sinken. Einer Studie des Center Automotive Research wurde im Frühjahr 2022 mit 16,3 Prozent so wenig Nachlass gewährt wie seit zehn Jahren nicht mehr.[12] Auch Naturalrabatte sollte man zurückfahren. Die durch Vermeidung der Zugaben eingesparten Kosten erlauben geringere Preissteigerungen bei den bezahlten Produkten.

Information gewinnen

Die in diesem Kapitel behandelten taktischen Preismaßnahmen beinhalten in der einen oder anderen Form Preisdifferenzierungen. In differenzierten Preisen bzw. Preiserhöhungen schlummern auch in der Inflation große Gewinnpotenziale. Allerdings lassen sich diese nur mit detaillierterer Information ausschöpfen. Wir können hier die Methoden der entsprechenden Informationsgewinnung nicht ausführlich behandeln und verweisen auf die entsprechende Spezialliteratur.[13] Auf eine Methode sei gleichwohl besonders hingewiesen: Experimente. Wenn möglich, sollte man die eine oder andere Idee einfach in überschaubarem Rahmen testen. Das kann für einzelne Zielgruppen, Regionen oder Produkte geschehen. Falls man E-Commerce praktiziert oder eine ähnliche Datenbasis hat, sind solche Tests einfach und zügig durchführbar. Der Hauptzweck einer solchen Validierung besteht darin, gravierende Fehler zu vermeiden. Denn eine einmal eingeführte Preismaßnahme ist oft nicht ohne Probleme umkehrbar.

Zusammenfassung

Folgende Punkte seien aus diesem Kapitel festgehalten:

- Preisgleitklauseln automatisieren den notwendigen Prozess der Preisanpassung in der Inflation und sind insofern aus Anbietersicht unbedingt anzustreben.
- Bei neuen Verträgen empfiehlt sich die Technik der Smart Contracts.
- Preisdifferenzierung ist die hohe Kunst des Pricing. Das volle Gewinnpotenzial lässt sich selten mit einem uniformen Preis ausschöpfen. Das gelingt bei unterschiedlichen Preisbereitschaften nur mit Hilfe differenzierter Preise.
- Es ist anzunehmen, dass Inflation die Preisbereitschaften von kaufkraftschwachen und kaufkraftstarken Zielgruppen unterschiedlich beeinflusst. Folglich ist die Spreizung der Preisdifferenzen unter inflationären Bedingungen zu überprüfen. Tendenziell erscheint eine größere Spreizung optimal.
- Beim Versuch, Preiserhöhungen durchzusetzen, sollte man die bisherigen Deckungsbeiträge der Kunden berücksichtigen. Diese Deckungsbeiträge sind ein Indikator für den Kundennutzen. Empirische Befunde deuten darauf hin, dass die Preisdurchsetzung bei hochmargigen Kunden besser gelingt.
- In der Inflation ist die Kombination von hohen Listenpreisen (»Mondpreis«) und hohen Rabatten in Frage zu stellen. Das gilt insbesondere, wenn die Transparenz beim Listenpreis hoch, hingegen beim Rabatt niedrig ist.
- Wenn möglich, sollte man neue taktische Preismaßnahmen in überschaubaren Experimenten testen.

Kapitel 11

Innovative Preissysteme einführen

In den vergangenen dreißig Jahren hat es mehr Innovationen im Pricing gegeben als in den 3 000 Jahren vorher. Der Grund liegt vor allem in den technischen Möglichkeiten, die Informationstechnologie und Internet bieten. Für den Kampf gegen die Inflation sind die so entstandenen neuen Preissysteme von großer Bedeutung. Ihre Vorteilhaftigkeit und die Form der Umsetzung können sich allerdings durch die Inflation ändern. Ein Beispiel ist das weit verbreitete Freemium-Modell, bei dem eine Basisversion gratis, also zu einem Preis von Null, angeboten wird. Für die Premiumversion muss der Kunde hingegen zahlen. Von der Inflation ist der Preis der Basisversion per definitionem nicht betroffen. Bei Beibehaltung des Modells bleibt ihr Preis bei Null. Der Preis der Premiumversion muss hingegen erhöht werden, so dass sich die relative Vorteilhaftigkeit zu Ungunsten der Bezahlversion verschiebt. In diesem Kapitel betrachten wir ausgewählte neue Preissysteme und die für die Inflation relevanten Implikationen.

Dynamic Pricing

Im Konzept des Dynamic Pricing werden Preise laufend der Angebots- und Nachfragesituation angepasst. Das kann wie an einer Börse im Sekunden- oder Minutentakt, auf der Basis von Tageszeiten, wöchentlichen oder saisonalen Schwankungen geschehen. Stark verbreitet, vor allem in Dienstleistungssektoren wie Flugreisen, Hotellerie und Tourismus, ist das sogenannte Yield oder Revenue Management, bei dem Preise fortlaufend der Auslastung der Kapazitäten angepasst werden. Christopher Nassetta, CEO von Hilton, sagt dazu: »We can reprice our product every second of every day.«[1] Auch im Tankstellenbereich sind ständige Preisänderungen die Regel.

Ein Dynamic-Pricing-System erleichtert Preisanpassungen in der Inflation. Denn die Kunden sind an ständige Preisänderungen gewöhnt. Ein festes Referenzpreissystem entsteht bei ihnen unter diesen Bedingungen nicht. Ein Unterschied besteht allerdings darin, dass die Preise bei typischem Dynamic Pricing rauf- und runtergehen, während sie in der Inflation vornehmlich oder ausschließlich nach oben tendieren. Um Dynamic Pricing anzuwenden, braucht der Anbieter ein sehr zeitnahes Informationssystem, was im Hinblick auf die unter Inflationsbedingungen erwünschte schnelle Reaktionsfähigkeit von großem Vorteil ist. Unternehmen, die bereits Dynamic Pricing anwenden, können dieses um den Inflationsaspekt erweitern. Das erfordert insbesondere eine Ausdehnung des Zeithorizonts, indem beispielsweise längerfristige Prognosen für Kosten und Preise einbezogen werden.

Mehrdimensionale Preissysteme

Zahlreiche Preissysteme umfassen mehrere Komponenten. Klassische Fälle sind Strom- oder Telefontarife mit einer Grundgebühr und einer variablen Preiskomponente. Jüngere Beispiele sind die Bahncard oder Amazon Prime. Die einzelnen Parameter solcher Systeme werden mit großer Wahrscheinlichkeit von der Inflation unterschiedlich tangiert. Zahlt man den Preis der Bahncard 50 auf Jahresbasis, so fällt nur eine Zahlung an und man kauft sich für ein Jahr Preisstabilität ein. Hingegen finden beim Kauf der Fahrkarten zahlreiche Zahlungen statt und man ist innerjährlichen Preiserhöhungen ausgesetzt. Den Bahncard-50-Inhaber treffen Preiserhöhungen auf den Ticketpreis allerdings nur mit 50 Prozent. Hat man die Bahncard 100, so ist man von innerjährlichen Preisanhebungen überhaupt nicht betroffen. Das kann bedeuten, dass sich die Preiserhöhung für Bahncard-Inhaber innerhalb des monopolistischen Bereiches der Gutenberg-Preisabsatzfunktion bewegt, während die Kunden, die keine Bahncard besitzen, die volle Preissteigerung absorbieren müssen, so dass der obere Schwellenwert der Funktion überschritten wird (siehe Abbildung 7.1). Die Folge ist, dass Bahncard-50-Kunden weniger negativ auf Ticket-Preiserhöhungen reagieren. Zudem eröffnet die Mehrdimensionalität dem Anbieter die Chance, Preiserhöhungen auf den Parameter zu konzentrieren, bei dem die Kunden die geringste Preisempfindlichkeit aufweisen. Auf die Bahncard angewandt: Falls die Preiselastizität für den Bahncard-Preis absolut niedriger ist als für den Ticketpreis, empfiehlt sich eine prozentual stärkere Erhöhung des Preises bei der Bahncard.

Amazon-Prime ist ebenfalls ein zweidimensionales Preissystem. Mit dem Einsetzen der Inflation erhöhte Amazon in den USA den Preis für Prime von 119 auf 139 Dollar pro Jahr. Das ist eine kräftige Preissteigerung von 16,8 Prozent. Weltweit hat Amazon mehr als 200 Millionen Prime-Kunden. Rechnet man den bisherigen US-Preis auf die Welt hoch, dann hat Amazon bisher 23,8 Milliarden Dollar mit Prime eingenommen. Das sind gut 5 Prozent des Gesamtumsatzes von 468,8 Milliarden Dollar im Jahre 2021. Die Preiselastizität für den Prime-Service ist vermutlich niedrig und auch niedriger als bei den Produktpreisen. Nimmt man als Wert -0,3 an, dann verliert Amazon aufgrund der Preiserhöhung 5 Millionen Prime-Kunden. Es entsteht dennoch ein Mehrumsatz von 3,8 Milliarden Dollar. Dieser riesige Betrag kann zur Milderung des Inflationsdruckes bei Produkten oder zur Verbesserung des Service eingesetzt werden. Beides erscheint in der Inflation sinnvoll.

Erfolgsabhängige Preise

Mehrdimensional ist auch ein Preissystem mit einer fixen und einer erfolgsabhängigen Komponente. Die Bezahlung wird dabei vom Erfolg des Kunden abhängig gemacht. Die erfolgsabhängige Preisstellung verlagert Risiko auf den Anbieter und mindert so den Widerstand der Kunden gegen Preiserhöhungen. Solche Modelle sind beispielsweise bei langfristigen Mietverträgen für Gewerbeobjekte wie Hotels üblich. Der Pächter des Hotels zahlt eine feste Pacht plus einen vom Umsatz oder Gewinn des Hotels abhängigen Betrag. Das Risiko des Pächters ist im Vergleich zu einer festen Pacht reduziert. Umgekehrt trägt der Verpächter ein höheres Risiko, hat aber auch eine »Upside«, wenn das Hotel besonders gut läuft.

Enercon, einer der weltweiten Technologieführer in der Windenergiebranche, praktiziert im Rahmen des Enercon-Partner-Konzepts (EPK) ein ähnliches Modell. Der Kunde kann Wartungs-, Sicherheits- und Reparaturleistungen zu einem Preis abschließen, der sich nach dem Ertrag der Enercon-Anlage richtet. Das Angebot wird von den Kunden als sehr attraktiv empfunden, mehr als 90 Prozent von ihnen schließen einen EPK-Vertrag ab. Da nur ein Teil der Entlohnung von Enercon fix ist, kann die notwendige Preissteigerung im Rahmen bleiben. Die Nachteile der Inflation werden durch die erfolgsabhängige Preiskomponente abgefedert.

Bundling vs. Unbundling

Interessante Möglichkeiten in der Inflation eröffnet die Änderung von Bündelangeboten. Die grundlegende Logik dieser Angebote besteht darin, dass unausgeschöpfte Preisbereitschaft bei einem Produkt auf das Produktbündel übertragen wird. Bundling ist eine sehr effektive Taktik der Preisdifferenzierung. Die Inflation kann unterschiedliche Wirkungen im Hinblick auf Bundling und Unbundling haben.

Ein bekanntes Beispiel für erfolgreiches Unbundling ist die getrennte Preisstellung für Flugticket und Gepäck, wie sie erstmals von Ryanair eingeführt wurde. Anfänglich musste der Ryanair-Kunde 3,50 Euro pro aufgegebenem Gepäckstück bezahlen, heute sind es bei Gepäckstücken bis 20 kg zwischen 20,99 und 59,99 Euro je nach ausgewählter Flugstrecke und Reisedatum. Der Preis für Übergepäck beträgt 9 Euro pro zusätzlichem Kilogramm. Bei Millionen von aufgegebenen Gepäckstücken ergibt das einen Zusatzerlös von zig Millionen. Ryanair kommunizierte die Einführung des Zuschlages mit einer überraschenden Botschaft: »This will reduce the overall ticket price for passengers not checking-in bags by about 9 percent.« Die Einnahmen aus den entbündelten Leistungskomponenten erlauben einen niedrigeren Preis und geringere Preiserhöhungen beim Flugticket. Steht der Preis für das Ticket im Brennpunkt der Aufmerksamkeit der

Verbraucher und der Kommunikation, dann ist die Taktik der Entbündelung bei inflationären Tendenzen vorteilhaft.

In eine ähnliche Richtung zielt das Sanifair-Preismodell von Tank & Rast. Früher war die Benutzung der Toiletten an Autobahnraststätten frei, unabhängig davon, ob die Nutzer dort Käufe tätigten. Im Sanifair-Konzept beträgt der Preis für die Toilettenbenutzung 70 Cent. Der Kunde enthält einen Bon, den er mit 50 Cent beim Einkauf einlösen kann. Das heißt, Käufer zahlen netto 20 Cent, Nichtkäufer zahlen 70 Cent. Für Kinder und Behinderte ist der Toilettenbesuch kostenfrei. Bei mehreren Hundert Millionen Besuchern kommt auf diese Weise eine erkleckliche Summe zusammen, ein Beispiel für sehr effektives Unbundling, das den Preisdruck im Hauptgeschäft von Tank & Rast abmildert.

Unter die Unbundling-Systematik fällt auch die Einführung von Zuschlägen für Leistungen, die bisher nicht separat berechnet wurden. Beispiele sind Zuschläge für Mindermengen, Express-Service, Nacht- oder Wochenend-Zustellungen, Personalisierung, Geschenkverpackung oder Ähnliches. Grundsätzlich bieten sich hier viele Ansatzpunkte zur Gewinnverbesserung. Man sollte allerdings sorgfältig prüfen, wie es um die Akzeptanz unter Inflationsbedingungen steht. Diese wird tendenziell eingeschränkt sein. Wenn der Kunde selbst entscheiden kann, ob er die zahlungspflichtige Zusatzleistung in Anspruch nimmt, erreicht man eine automatische Segmentierung, die erfolgreicher sein dürfte als ein Zwangszuschlag.

Es kann aber auch das Umgekehrte gelten, nämlich dass sich Bundling besser eignet. Das folgende Fallbeispiel aus dem B2B-Bereich beschreibt eine solche Situation. In harten Preisverhandlungen ging es um die Übernahme des von Samsung entwickelten Flash Memorys durch Apple. Apple akzeptierte den von Samsung geforderten Preis nicht. Nach langer Überlegung offerierte Samsung die Lieferung zu dem von Apple akzeptierten, niedrigeren Preis für das Flash Memory unter der Bedingung, dass Apple auch den Large Scale Integration Application Processor (AP), der bis dato von Intel kam, bei Samsung kaufte. Apple akzeptierte dieses Bündelangebot und wurde so auf einen Schlag zum größten Kunden von Samsung Electronics. Das Bundling führte dazu, dass Samsung durch die Lieferung des Application-Prozessors an Apple den Umsatz um mehrere Milliarden Dollar steigern konnte.[2] Wenn ein Bündelangebot zu einem insgesamt für den Anbieter profitablen Geschäft führt, kann dieser auf Preiserhöhungen bei einem Produkt verzichten und so für den Kunden die inflationäre Wirkung abmildern.

Freemium

Freemium ist ein im Internet weit verbreitetes Preismodell, bei dem eine Basisversion gratis angeboten wird, eine höherwertige Premiumversion hingegen zahlungspflichtig ist. Beispiele sind Spotify, LinkedIn oder Xing. Ziel von Freemium ist es, zunächst eine möglichst große Anzahl potenzieller Kunden mit dem Gratisangebot anzulocken. »Den Kunden mit Gratisware anfüttern und in später melken«, beschreibt ein kritischer Autor den Freemium-Ansatz.[3] Sind die Nutzer mit den Basisfunktionen vertraut, hofft der Anbieter auf deren steigende Bereitschaft, für den höherwertigen Dienst zu zahlen. Im Freemium-Modell ohne Werbung verdient der Anbieter nur an den Premium-Kunden. Wie eingangs dieses Kapitels angedeutet, erweist sich Freemium unter inflationären Bedingungen als problematisch. Denn eine Preiserhöhung bezieht sich per definitionem nur auf die Bezahlversion. Der Abstand zwischen dem Nullpreis und dem Premiumpreis wird zwangsläufig größer. Bei unveränderter Nutzendifferenz zwischen Basis- und Premiumversion nimmt damit die

Wahrscheinlichkeit ab, dass die Nutzer von der freien zur Bezahlversion wechseln. Es wird deshalb in der Regel ratsam sein, die Nutzendifferenz zwischen den Versionen zu erhöhen. Das kann geschehen, indem man den Nutzen der Premiumversion steigert, den Nutzen der Basisversion senkt oder beides kombiniert. Allerdings wird dies in den meisten Fällen schwierig sein, da diese Differenz schon vorher ausgereizt war. Inflation macht das Leben für Freemium-Anbieter schwieriger.

Preis von Null

Zahlreiche Internetseiten bieten ihre Dienste zu einem Preis von Null an. Der Nutzer zahlt keinen positiven Preis, für ihn ist die Leistung gratis. Solange ein Anbieter beim Nullpreis bleibt, hat die Inflation keine Auswirkung auf den Nutzer. Der Preis ist nach wie vor Null, egal wie hoch die Inflationsrate ausfällt. Allerdings bleibt die Inflation auch auf dieses Geschäftsmodell nicht ohne Konsequenzen. Denn der Anbieter muss seine Kosten auf andere Weise decken. Dies kann er durch Werbeeinnahmen, Verkauf von Daten oder durch Spenden erreichen. Wetterdienste, Wörterbücher und ähnliche Dienste finanzieren sich durch Werbung. Personenbezogene Seiten erzielen Einnahmen durch den Verkauf von Daten. Wikipedia finanziert sich durch Spenden. Wenn die Inflation die Kosten der Anbieter hochtreibt, müssen die Einnahmen aus solchen Quellen proportional steigen. Da die Einnahmen aus Werbung, Datenverkauf, tendenziell auch aus Spenden von der Zahl der Nutzer abhängen, bedeutet Inflation, dass die Zahl der Nutzer steigen muss. Bei Null-Preis-Modellen entsteht also für die Nutzerzahl ein verstärkter Wachstumsdruck, ähnlich wie wir ihn in Kapitel 9 im Zusammenhang mit Grenzkosten von Null beschrieben haben.

Pay-per-use

In traditionellen Geschäftsmodellen wird dem Kunden ein Produkt verkauft, dieser zahlt den Preis und nutzt das in seinem Eigentum stehende Produkt. In diesem Transaktionsmodell kauft eine Airline Düsentriebwerke für ihre Flugzeuge oder eine Spedition erwirbt Reifen für ihre Lastwagen. Es finden eine Transaktion und eine Kaufpreiszahlung statt. Der Verkäufer bekommt die gesamte Kaufsumme quasi sofort, was bei Inflation erwünscht ist. In Leasing- und Mietmodellen wird diese Form der Einmaltransaktion teilweise aufgegeben. Die Zahlungen erfolgen in Teilbeträgen. Der Verkäufer erhält sein Geld über die Zeit gestreckt und muss unter Inflation nicht nur die Zinsen, sondern auch den Wertverlust bei der Kalkulation der Leasingraten einbeziehen.

Die bedürfnisorientierte Perspektive legt eine völlig andere Grundlage für die Preisstellung nahe. Das Bedürfnis des Kunden richtet sich nicht auf den Besitz eines Produktes, sondern auf die Leistung beziehungsweise Bedürfniserfüllung, die dieses Produkt erbringt. Eine Airline braucht letztlich keine Triebwerke, sondern Schubleistung für ihre Flugzeuge, und die Spedition benötigt Laufleistung der Reifen. Diese Gedanken legen ein Pay-per-use-Modell nahe.

Die Firma Michelin, Weltmarktführer bei Autoreifen, war einer der Pioniere mit einem innovativen Pay-per-use-Modell, bei dem die Speditionen keine Reifen kaufen, sondern für Kilometer Laufleistung zahlen. Im Falle eines neuen Reifens, der gegenüber bisherigen Produkten eine um 25 Prozent höhere Laufleistung hatte, hätte Michelin den Verkaufspreis um bis zu 25 Prozent erhöhen müssen. Eine derartige Preiserhöhung durchzusetzen wäre nahezu unmöglich gewesen. Die Speditionen sind bei Reifen bestimmte Preisniveaus, die als Preisanker fungieren, gewohnt und zudem sehr preisempfindlich. Massive Verteuerungen gegenüber solchen Preisankern werden selbst bei höherer Laufleistung nicht akzeptiert. Das Pay-per-use-Modell überwindet dieses Problem. Der Kunde zahlt pro Kilometer, und wenn der Reifen 25 Prozent weiterläuft, zahlt er 25 Prozent mehr. Die Abschöpfung des Mehrnutzens gelingt mit dem Pay-per-use-Modell wesentlich besser. Den Speditionskunden bietet das Modell weitere Vorteile. Es fallen nur Kosten für die Reifen an, wenn die Lastwagen tatsächlich fahren und die Spedition Umsätze erzielt. Wenn hingegen die Lastwagen aufgrund schlechter Auftragslage auf dem Hof stehen, entstehen der Spedition keine Kosten für die Reifen. Auch die Kalkulationsbasis wird für den Spediteur einfacher. Er erhält direkt die Kosten pro Kilometer und stellt oft die Rechnung an die eigenen Kunden anhand derselben Preismetrik, nämlich Kosten pro Kilometer.

Gerade unter inflationären Bedingungen trifft ein Pay-per-use-Modell auf wesentlich größere Akzeptanz als das traditionelle Transaktionsmodell, bei dem der Preis um einen großen Absolutbetrag steigt. In Krisenzeiten schätzen es Kunden zudem, wenn sie bei Unterbeschäftigung weniger zahlen müssen. Pay-per-use beinhaltet für den Kunden eine Umschichtung von fixen in variable Kosten, was in schwierigen Zeiten ebenfalls erwünscht ist. Pay-per-use-Modelle lassen sich mit Hilfe von innovativen, Blockchain-basierten Zahlungssystemen sehr effizient betreiben. Sie erlauben auch Micro-Payments zu extrem geringen Kosten. Zum Beispiel kann ein Auto mit einer e-Wallet ausgerüstet werden und so automatisch Zahlungen für Parken, Straßenbenutzung oder sonstige Services abwickeln. Es ist wahrscheinlich, dass die Preisempfindlichkeit bei solchen automatisierten Zahlungen von kleinen Beträgen geringer ist und insofern Preiserhöhungen leichter durchsetzbar sind.

Zusammenfassung

- Dynamic-Pricing-Systeme erleichtern Preisanpassungen in der Inflation. Gegebenenfalls müssen sie um inflationsspezifische Aspekte erweitert werden.
- Mehrdimensionale Preissysteme erhöhen in der Inflation die Preisflexibilität. Preisparameter können je nach ihrer spezifischen Preiselastizität unterschiedlich angepasst werden. Bahncard-50-Besitzer trifft eine Erhöhung des Ticketpreises während der Gültigkeitsdauer nur zur Hälfte, im Falle der Bahncard 100 überhaupt nicht.
- Erfolgsabhängige Preise reduzieren den Widerstand gegen Preiserhöhungen, da der Kunde den variablen Teil nur zahlen muss, wenn sich der Erfolg einstellt.
- Bundling kann dazu dienen, eine nicht durchsetzbare Preiserhöhung bei einem Produkt durch Mehrumsatz eines anderen Produktes zu kompensieren.
- Umgekehrt gestattet Unbundling niedrigere Preise oder die Vermeidung von Preiserhöhungen beim Hauptprodukt.
- Freemium ist in der Inflation problematisch, da die Spreizung zwischen Null und dem Premiumpreis zunimmt. Eine Überprüfung der Nutzenspreizung ist deshalb angezeigt.
- Bei Nullpreis-Modellen entsteht durch Inflation ein verstärkter Wachstumsdruck, man braucht mehr Nutzer.
- Mit Pay-per-use lassen sich hohe absolute Preissteigerungen des Transaktionsmodells vermeiden. In Krisen kommt hinzu, dass der Kunde bei geringer Nutzung weniger zahlen muss.
- Automatisierte Zahlungen von Micro-Beträgen auf Blockchain-Basis können die Bewältigung der Inflation erleichtern.

Kapitel 12

Vertrieb als Speerspitze einsetzen

Die Inflation hat gravierende Auswirkungen auf die Rolle des Vertriebs. Denn in allen Fällen, in denen Vertriebskräfte Preise verhandeln, fällt ihnen die Schlüsselrolle für die Um- und Durchsetzung der notwendigen Preismaßnahmen zu. Das gilt nahezu generell für Business-to-Business-Transaktionen, aber auch für manche Verbrauchermärkte wie etwa den Autokauf, bei dem regelmäßig Rabatte ausgehandelt werden. In der Inflation muss der Vertrieb zur »Speerspitze« des Unternehmens werden. Seine Schlagkraft entscheidet letztlich über den Erfolg.

Zuständigkeiten

Unter Vertrieb verstehen wir hier alle Abteilungen und Mitarbeiter, die im Kontakt mit dem Kunden Verkaufsverhandlungen führen und über bestimmte Aspekte des Geschäftes entscheiden. Diese Definition schließt Vertriebsleiter bis hin zu Außendienstmitarbeitern ein. Aber auch Innendienstler, die schriftlich, telefonisch oder per Zoom mit Kunden über Preise und Konditionen verhandeln, gehören in diesem Sinne zum Vertrieb.

Eine erste Frage, die sich in der Inflation stellt, betrifft die

Entscheidungskompetenz über Preise und Konditionen. In einer Studie unter Normalsituation waren in 89 Prozent der Fälle die Geschäftsleitung, in 81 Prozent die Vertriebsleitung und in 45 Prozent das Key Account Management an den Grundsatzentscheidungen im Preismanagement beteiligt.[1] Generell kann man also sagen, dass das strategische Preismanagement auch unter normalen Umständen stark zentralisiert und in der Hierarchie weit oben angesiedelt ist. Vertriebsmitarbeiter haben in der Regel vergleichsweise enge, auf die konkrete Transaktion und insbesondere die Rabattgewährung bezogene Verhandlungsspielräume. In der Inflation sind starke zentrale Vorgaben und Kontrollen angezeigt. Der Grund liegt darin, dass der Widerstand der Kunden gegen Preiserhöhungen tendenziell steigt und auf der Kundenseite Akzeptanzentscheidungen auf höhere Hierarchieebenen verlagert werden. Der hierarchischen »Aufrüstung« auf der Kundenseite sollte eine entsprechende Machtverschiebung auf der Anbieterseite entsprechen. »Pricing must not be controlled by the sales force«, empfiehlt ein Experte unter Inflationsbedingungen.[2]

Wir teilen diese extreme Position aus mehreren Gründen nicht. Ein totaler Entzug der Preisentscheidungskompetenz wertet den Vertriebsmitarbeiter in den Augen des Kunden ab. Zudem ist eine zu starke Zentralisierung angesichts der Notwendigkeit wiederholter Preiserhöhungen impraktikabel. Wenn der Vertriebsmitarbeiter die Vertriebsleitung oder die Zentrale bei häufigen Preis- oder Konditionenanpassungen jedes Mal um Genehmigung bitten muss, kann ein zeitraubender, nicht mehr handhabbarer Prozess entstehen. Wir sind der Meinung, dass in der Tat eine stärkere Zentralisierung und Kontrolle der Preisziele und der Realisierung stattfinden, diese aber dem Vertriebsmitarbeiter an der Front nicht sämtliche Preisentscheidungsautorität entziehen sollte.

Kulturwandel

Die Inflation stellt den Vertrieb vor unbekannte psychologische Herausforderungen. Während der vergangenen Jahrzehnte relativer Preisstabilität ging es im Vertrieb vor allem um Absatzmengen, Umsätze und Wachstum. Selbstverständlich gab es auch harte Verhandlungen um Preiserhöhungen. Wenn man die allgemeine Inflationsrate als Maßstab nimmt, bewegten sich diese pro Jahr bei zwei bis drei Prozent und kamen nur einmal vor. In vielen Märkten ging es sogar um das Gegenteil, nämlich die Vereinbarung von Preissenkungen, über die Fortschritte in Produktivität und in Economies of Scale an Kunden weitergereicht wurden. Die Autozulieferindustrie und noch stärker die Elektronik sind Beispiele, in denen die Preise von Jahr zu Jahr sanken. Selbst ein Vertriebsveteran, der seit 30 Jahren im Vertrieb tätig ist, kennt im Grunde nur diese Welt. Jüngere Vertriebsmitarbeiter haben nur die extrem niedrigen Inflationsraten des letzten Jahrzehnts erlebt. Führungskräfte und Verkäufer besitzen keine Erfahrung, wie man mit der neuen Herausforderung umgeht. Sie waren gewohnt, die Preise einmal jährlich um bescheidene zwei oder drei Prozent anzuheben oder sogar jährliche Preisnachlässe zu gewähren. Nun müssen sie mehrmals während eines Jahres Preisverhandlungen führen, bei denen es in der Summe um ein Mehrfaches der bisherigen Preissteigerungen geht. Vereinbarungen zu Preisnachlässen werden zur Utopie.

Eine erste Maßnahme muss darin bestehen, die Vertriebskräfte für diese neuen Herausforderungen aufzurüsten. Das geht nicht ohne sehr konkrete Schulungs- und Trainingsmaßnahmen. Diese müssen verschiedene Aspekte einbeziehen. In Kapitel 6 haben wir auf die Bedeutung des Kundennutzens und der Nutzenkommunikation hingewiesen. Der Erfolg von Preiserhöhungen wird nicht zuletzt davon abhängen, inwieweit es gelingt, die Verkäufer auf eine überzeugende Nutzenkommunikation auszurichten und so die Pricing Power zu erhöhen. Kurzfristig darf man sich von dieser Maßnahme allerdings keine Wunder erwarten. Mittel- und längerfristig ist sie jedoch für die Stärkung der Pricing Power unerlässlich. Bei Simon-Kucher haben wir in vielen Projekten immer wieder festgestellt, dass die Überzeugung vom überlegenen Nutzen des eigenen Produktes und die Fähigkeit, diese zu kommunizieren, bei vielen Vertriebsmitarbeitern Schwachstellen sind. Dies ist eine Ursache dafür, dass sich die Deckungsbeiträge nach Verkäufern oft stark unterscheiden. Diese Unterschiede resultieren nicht primär aus dem jeweiligen Kundenportfolio, sondern auch daraus, dass es in jeder Vertriebsmannschaft »Preisverkäufer« und »Wertverkäufer« gibt. Preisverkäufer verkaufen primär über den Preis, ein Großteil ihrer Verkaufsgespräche befasst sich mit Rabatt- und Konditionsgewährung, während Wertverkäufer in ihrer Argumentation und in der Zeitaufteilung den Kundennutzen in den Vordergrund stellen. In manchen Projekten haben wir geraten, Preisverkäufer systematisch durch Wertverkäufer zu ersetzen. Gelang das, so traten in der Folge meist massive Ergebnisverbesserungen ein. Allerdings ist diese Transformation nicht einfach und braucht Zeit. Angesichts des Zeitdrucks in der Inflation sollte auf jeden Fall der Versuch unternommen werden, die Vertriebler für einen verstärkten Wertverkauf aufzurüsten.

Unverzichtbar ist daneben auch die »psychologische Härtung«. Die Inflation setzt Verkäufer seitens der Kunden enormem Druck aus. Diesen müssen die Vertriebsmitarbeiter aushalten. Viele von ihnen haben ohnehin Angst vor dem Thema Preis. Diese Angst wird sich verschärfen. Insgesamt erfordert die Inflation einen Kulturwandel in der Vertriebsorganisation weg vom dominanten Mengen- und Umsatzwachstum zur Preisdurchsetzung und zur gezielten Steuerung der Konditionen. Bei der mentalen Stärkung der Vertriebsmitarbeiter muss der CEO aktiv mitwirken.

Leckagen stopfen

Wenn wir von Preiserhöhungen sprechen, dann denken wir spontan an Listenpreise. In Wirklichkeit geht es aber um den Transaktionspreis. Das ist der Preis, der letztlich in der Unternehmenskasse klingelt. Zwischen dem Listenpreis und dem Netto-Nettissimo-Preis gibt es zahlreiche Leckagen. In Verhandlungen geht es meist um die Konditionen, die solche Leckagen verursachen. Das Stopfen derselben bildet einen eminent wichtigen Ansatzpunkt zur Steigerung des Transaktionspreises. Abbildung 12.1 zeigt an einem konkreten Simon-Kucher-Projekt das Ausmaß der Leckagen auf dem langen Weg vom Listenpreis zum Netto-Nettissimo-Preis, dem Transaktionspreis. Vom Listenpreis von 6 Euro landen in diesem Fall nur 4,20 Euro, das sind 70 Prozent, in der Kasse des Unternehmens.

Jede dieser Leckagen muss unter dem Inflationsaspekt angegangen werden. Häufig sind die einzelnen Leckagen auf Produktebene nicht einmal bekannt. Voraussetzung für ein gezieltes Stopfen der Leckagen ist deshalb eine detaillierte Informationsbasis. Diese sollte ohnehin vorhanden sein, aber in der Inflation wird sie noch wichtiger.

Eine anders geartete Leckage-Ebene besteht in den personellen Zuständigkeiten. Wer entscheidet konkret über bestimmte Leckagen, wo gehen Deckungsbeiträge verloren? Abbildung 12.2 zeigt die diesbezüglichen Erkenntnisse aus einem Simon-Kucher-Projekt in den USA.

Dieses Bild belegt, dass die großen Leckagen bei den regionalen und den Landesverkaufsleitern entstehen. Also muss dort angesetzt werden, um den Netto-Nettissimo-Preis zu verbessern. Ein erhöhter Druck auf die Außendienstler würde in diesem Fall wenig bringen, da sie kaum Rabatte gewähren. Nur eine sorgfältige Analyse der Leckagen deckt Ansatzpunkte zur Verbesserung des letztendlichen Transaktionspreises auf. Solche scheinbar klei-

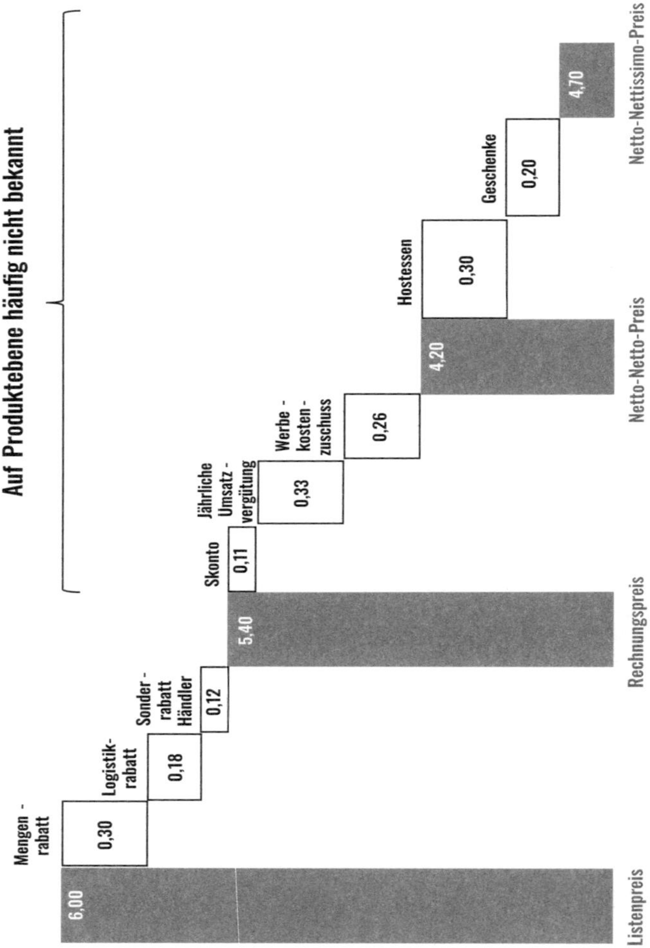

Abb. 12.1: Leckagen auf dem Weg vom Listenpreis zum Netto-Nettissimo-Preis.

Quelle: eigene Darstellung.

nen Dinge werden in guten Zeiten leicht übersehen oder großzügig gehandhabt. Das kann man sich unter Inflationsbedingungen nicht länger leisten.

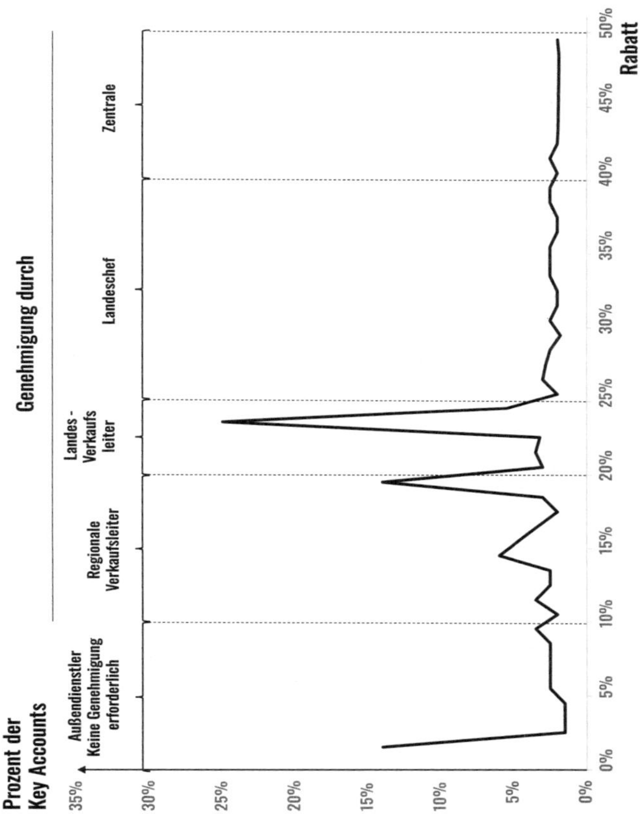

Abb. 12.2: Gewährung von Rabatten nach Personen.

Quelle: Simon-Kucher 2022.

Incentivierung

Generell besitzt die Incentivierung im Vertrieb sehr hohe Bedeutung. Die Systeme reichen dabei von reiner Umsatzorientierung über Mischsysteme bis hin zum ausschließlichen Festgehalt. Am Gewinn oder Deckungsbeitrag ansetzende Vertriebsincentives sind nach wie vor eher die Ausnahme. Die dauerhaft geltenden Systeme werden häufig durch temporäre Aktionen wie Verkaufswettbewerbe ergänzt. Ebenfalls verbreitet sind Zielvorgaben zu Absatzmengen, Preisen, Portfoliozusammensetzung oder Ähnlichem.

Wie auch immer das bisherige Incentivesystem eines Unternehmens aussieht, erscheint es unter Inflationsbedingungen ratsam oder sogar notwendig, über Ergänzungen und Modifikationen nachzudenken. Dabei kommen für die Praxis unterschiedliche Ansätze in Frage:

1. Zielvorgaben zu Preiserhöhungen, auch initialen Preisforderungen
2. Incentivierung von Preiserhöhungen
3. Entsprechende Maßnahmen für Konditionen, insbesondere Zahlungsziele
4. Hinweise zu Segmentierung und Preisdifferenzierung.

Aus den Informationen zu Kosten, Kunden und Konkurrenz kann die Geschäftsleitung konkrete Ziele zu den notwendigen Preisanpassungen ableiten. Besitzt die Leitung validere Information zu Preisbereitschaften einzelner Kunden oder Kundengruppen, so sind kundenspezifische Zielvorgaben für den Vertrieb sinnvoll. Allerdings haben solche Vorgaben zwei Seiten. Wird beispielsweise eine Mindestpreiserhöhung von 5 Prozent vorgegeben, dann wird es – wie unsere Projekte vielfach gezeigt haben – sehr häufig genau zu diesem Wert kommen, obwohl eventuell höhere Prozentsätze erreichbar gewesen wären. Dieser Nachteil lässt sich durch eine variable Incentivierung vermeiden. Falls der einzelne Vertriebsmitarbeiter besser in der Lage ist, die Preisbereitschaften individueller Kunden abzuschätzen, bietet sich die proportionale oder sogar überproportionale Incentivierung von Preiserhöhungen an.

In ähnlicher Weise, also durch Vorgaben oder Incentives, sind die Konditionen zu steuern, um Leckagen zu reduzieren.

In der Inflation geht es hierbei nicht zuletzt um Zahlungsziele. Der Vertrieb muss verstärkt auf einen schnellen Cash-Eingang hinwirken. Er wird damit zu einem wichtigen Unterstützer des Cash Managements. Die Zeit, in der man mit großzügigen Zahlungszielen den Verkauf fördern oder den Preisdruck abmildern konnte, sind mit der Inflation vorbei.

Ein wichtiger Aspekt bei Vorgaben und Verhandlungen liegt in der Diskrepanz zwischen initialen Preisforderungen und tatsächlich erreichtem Preis. Die Durchsetzungsquoten sind unseren Erkenntnissen zufolge in den letzten Jahren gesunken. Während früher in Simon-Kucher-Studien Quoten von 50 Prozent berichtet wurden, sind es in der jüngsten Studie nur noch 33 Prozent.[3] Ein solcher Wert würde bedeuten, dass man mit einer Initialforderung von 15 Prozent in die Verhandlung gehen muss, um im Ergebnis 5 Prozent zu erreichen. Aufgrund unserer Erfahrungen aus Projekten, in denen wir solche Abweichungen gründlich untersucht haben, halten wir dieses Befragungsergebnis gleichwohl für zu pessimistisch. Eine Durchsetzungsquote von 50 Prozent erscheint uns realitätsnäher. Die Differenzen zwischen initialer Forderung und erreichten Preisen variieren allerdings sehr stark. Auch die in Kapitel 10 diskutierten taktischen Preismaßnahmen wie Zuschläge, Entbündelung etc. obliegen in der Umsetzung dem Vertrieb.

Segmentierung

In Kapitel 10 haben wir die Relevanz von Segmentierung und Preisdifferenzierung in der Inflation angesprochen. Im Business-to-Business-Bereich bieten diese Konzepte einen noch effektiveren Ansatzpunkt als bei Konsumgütern. So stellt sich die Frage, nach welchen Kriterien man bei Preiserhöhungen differenzieren soll. Ein solches Kriterium, das wir hier zur Illustration verwenden, ist der bisherige Deckungsbeitrag der Kunden. Abbildung 12.3 zeigt auf der horizontalen Achse die bei den Kunden bisher erzielten Deckungsbeiträge. Auf der vertikalen Achse sind die durchgesetzten Preiserhöhungen eingetragen.

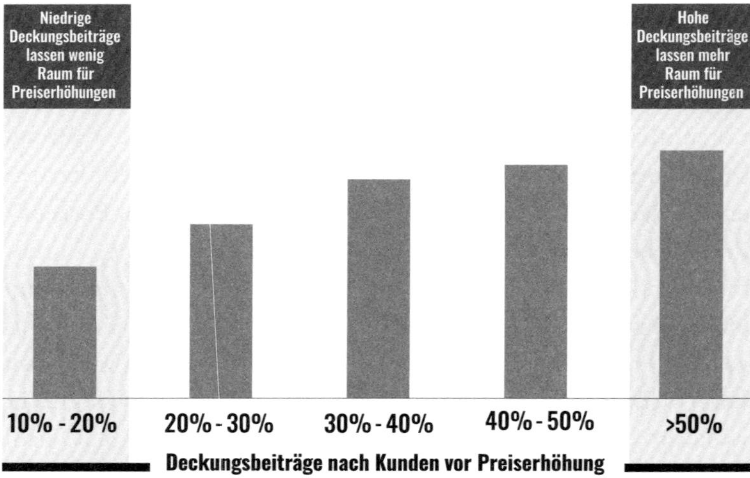

Abb. 12.3: Deckungsbeiträge und durchgesetzte Preiserhöhungen nach Kunden.

Quelle: Simon-Kucher-Projekt 2021.

Es zeigt sich ein signifikant positiver Zusammenhang zwischen bisherigen Deckungsbeiträgen und durchgesetzten Preiserhöhungen. Dieses Ergebnis ist nicht überraschend. Denn die bisherigen Deckungsbeiträge können als Indikator dafür gewertet werden, dass diese Kunden dem Produkt einen höheren Nutzen zumessen und insofern ihre Preisbereitschaft höher ist als diejenige der Kunden mit niedrigen Deckungsbeiträgen. Aus solchen Analysen lassen sich klare Vorgaben für die Preisverhandlungen des Vertriebs ableiten. Selbstverständlich sind auch die üblichen Methoden zur Segmentierung und Preisdifferenzierung, etwa nach Ort, Zeit oder Abnahmevolumen, zu prüfen. So sagt der Reifenhersteller Continental: »Je nach regionalen Gegebenheiten entscheiden wir individuell über notwendige Preisanpassungen.«[4]

Kundenspezifische Pricing Power

In Geschäften mit wenigen Kunden, etwa in Zulieferindustrien, empfiehlt es sich, kundenindividuelle Profile, die Aufschluss über die Pricing Power ergeben, zu erarbeiten. Abbildung 12.4 zeigt ein Fallbeispiel, in dem es mehrere Lieferanten gibt. Wir unterscheiden nach Merkmalen des Lieferanten und Merkmalen des Kunden, die für die Pricing Power des Lieferanten von Relevanz sind. Die Fünferskala stellt die Einschätzungen im Verhältnis zur Konkurrenz dar.

Dieser Zulieferer besitzt bei mehreren Merkmalen wie Dauer der Kundenbeziehung, Produktqualität oder Reputation überlegene Positionen. Auch sein Lieferanteil liegt etwas höher als derjenige der Konkurrenz. Hingegen gibt es Schwächen bei Flexibilität und Service. Insgesamt erreicht das eigene Leistungsprofil mit 3,3 eine leichte Überlegenheit. Die aufgeführten Merkmale des Kunden, die ebenfalls als Einflussfaktoren der Pricing Power angesehen werden, liegen mit 3,8 im Mittel deutlich rechts der Mitte. Der Kunde wird aufgrund seiner Finanzkraft und der hohen Kosten des Lieferantenwechsels als nicht sehr preisempfindlich eingeschätzt. Auch die Beeinflussbarkeit des Einkaufs dürfte die Durchsetzung von Preiserhöhungen erleichtern. Insgesamt sollte die angestrebte Preisanpassung bei diesem Kunden über dem Durchschnitt liegen. Solche Pricing-Power-Analysen können ergänzt werden um die in Abbildung 8.2 dargestellte Guten-

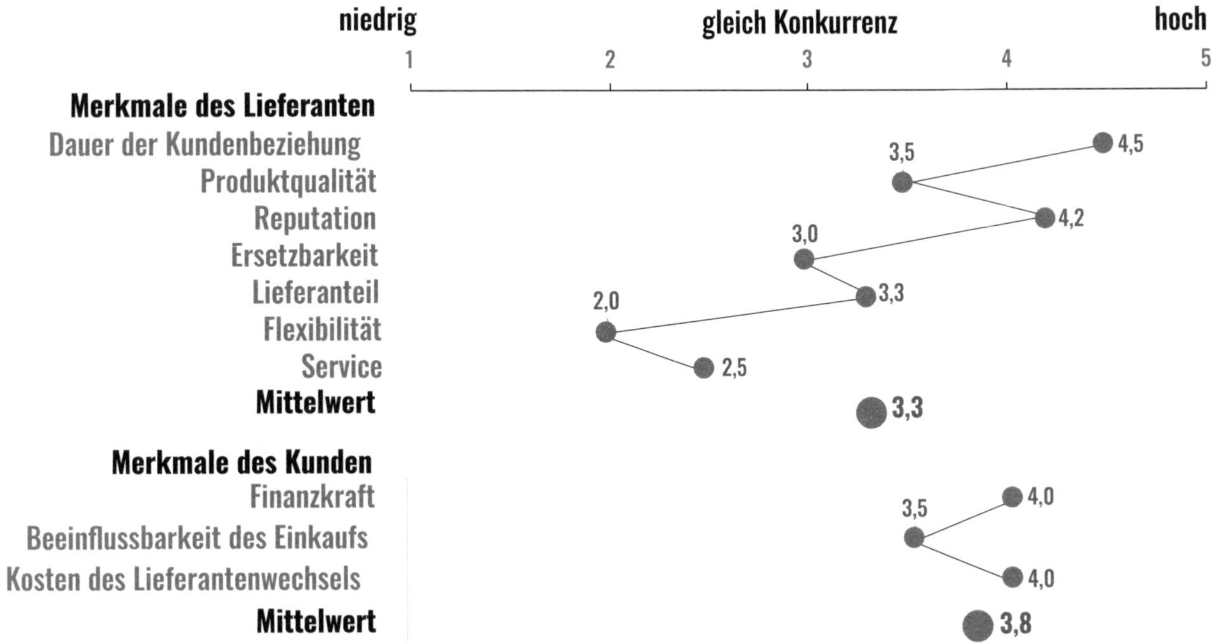

Abb. 12.4: Pricing-Power-Profil eines Zulieferers bei einem ausgewählten Kunden.

Quelle: Simon-Kucher 2022

berg-Funktion, um beispielsweise die Frage zu beantworten, wo die Preisschwelle liegt, die man nicht überschreiten sollte. Zum Thema Segmentierung gehört auch der Verzicht auf unprofitable Kundenbeziehungen. Kunden, die Preiserhöhungen nicht akzeptieren und dadurch die Renditeziele gefährden, müssen auf den Prüfstand. Hier besteht ein inhärentes Konfliktpotenzial mit dem Vertrieb, dessen Lösung ein vorsichtiges Vorgehen der Unternehmensführung erfordert.

Vertriebscontrolling

Im Kontext der Inflation muss das Controlling des Vertriebs detaillierter und vor allem zeitnäher erfolgen. In vorderster Linie geht es dabei um das Controlling der realisierten Preiserhöhungen sowie der Rückführung von Gewinnleckagen. Welche Transaktionspreise wurden tatsächlich erreicht? Wie konnten Rabatte und Zahlungsziele zurückgeführt werden? Diese Analysen sollten nicht pauschal, sondern nach Produkten, Kunden, Segmenten, Vertriebskanälen und Regionen erfolgen. Zur Controllingaufgabe gehört zudem, Verantwortlichkeiten für gelungene und gescheiterte Preiserhöhungen transparent zu machen. Eine aufschlussreiche, gleichwohl problembehaftete Erkenntnisquelle bildet die Analyse von Auftragsverlusten. Welche Kunden sind abgesprungen und woran lag es? Der Preis spielt bei Auftragsverlusten fast immer eine zentrale Rolle. Im Falle eines Anlagenbauunternehmens, in dem Simon-Kucher eine größere Zahl von verlorenen Aufträgen auswertete, wurde ein zu hoher Preis bei 69 Prozent der Auftragsverluste als Hauptursache genannt. Ob solche Angaben immer der Realität entsprechen, bleibt fraglich. Denn ein zu hoher Preis oder eine Preiserhöhung sind für den Vertrieb eine unverfängliche Erklärung. Dennoch lassen sich aus Auftragsverlustanalysen wertvolle Erkenntnisse für das Vorgehen bei anhaltender Inflation ableiten.

Zusammenfassung

Die Inflation stellt eine Vertriebsorganisation vor einzigartige Herausforderungen. Wir halten folgende Aspekte fest.

- Der Vertrieb spielt für die Bewältigung der Inflationsprobleme eine zentrale Rolle, denn von seinem Einsatz und seiner Leistung hängt die Durchsetzung von Preiserhöhungen ab.
- In der Inflation sollte das Preis- und Vertriebsmanagement stärker zentral geführt und hierarchisch aufgewertet werden. Der CEO muss dem Vertrieb verstärkte Aufmerksamkeit und Rückendeckung liefern.
- Trotz Zentralisierung braucht der Vertrieb vor Ort ausreichende Entscheidungskompetenzen, um die häufigeren Verhandlungen und Preisanpassungen ohne zu große organisatorische Reibungsverluste bewältigen zu können.
- Die Führungskräfte und Mitarbeiter im Vertrieb besitzen keine Erfahrungen mit hohen Inflationsraten. Durch Schulung und mentale Härtung muss ein Kulturwandel bewirkt werden.
- Neben offenen Preiserhöhungen ist das Stopfen von margenfressenden Leckagen gleichermaßen wichtig. Letztlich ist die Leistung des Vertriebs am Netto-Nettissimo-Transaktionspreis zu messen.
- Der Vertrieb muss durch die Steuerung von Zahlungszielen einen Beitrag zum inflationsangepassten Cash Management leisten.

- Vorgaben und Incentives für den Vertrieb sind den Inflationsbedingungen anzupassen. Dabei sind die Informationsstände von Leitung und Mitarbeitern zu berücksichtigen. Die Seite mit dem besseren Informationsstand sollte größeren Einfluss auf die Verhandlungen nehmen.
- Nicht zuletzt ist in der Inflation die Kundensegmentierung und die darauf aufbauende Preisdifferenzierung zu schärfen. Das kann auch bedeuten, dass man sich von Kunden, die sich gegen Preiserhöhungen sperren und dadurch unprofitabel werden, trennen muss. Hier liegt ein Konfliktpotenzial mit dem Vertrieb.

Kapitel 13

Finanzen priorisieren

Die Inflation hat keineswegs nur Auswirkungen auf die marktseitigen Funktionen wie Pricing, Marketing und Vertrieb, sondern verändert auch die Anforderungen an interne Funktionen wie Finanzen, Supply Chain und Kostenmanagement. Unter diesen Funktionen ist das Finanzmanagement am stärksten betroffen. Dem Chief Financial Officer (CFO) fällt insofern eine Schlüsselrolle im Kampf gegen die Inflation und deren Wirkungen zu.

Neue Aufgaben für das Finanzmanagement

Höhere Inflation bedeutet, dass der Wert von Geld im Zeitablauf schneller abnimmt. Daraus ergeben sich Auswirkungen sowohl auf das kurzfristige Cash Management als auch auf die langfristige Finanzierung und Vorteilhaftigkeit von Investitionen. Die Unterschiede im zeitlichen Anfall von Cashflows werden durch die Abzinsung auf den Zeitpunkt Null berücksichtigt. Man spricht vom Discounted Cash Flow (DCF). Für die Berechnung des DCF spielt der Kalkulationszinsfuß die zentrale Rolle. Er repräsentiert die Kosten des Kapitals, die sogenannten Weighted Average Cost of Capital (WACC) oder, anders interpretiert, die Verzinsung einer am Markt realisierbaren Vergleichsinvestition. In den Kalkulationszinsfuß fließen die erwarteten Inflationsraten ein. Das heißt, je höher die Inflation, desto höher ist der Kalkulationszinsfuß anzusetzen. Um hier einige historische Vergleiche zu ziehen: In den 1970er Jahren haben wir in unseren Modellrechnungen stets einen Kalkulationszinsfuß von 10 Prozent angenommen. Zu dieser Zeit betrugen die Zinsen für ein Hypothekendarlehen 12 Prozent und Bundesanleihen wurden mit 9 Prozent verzinst. Hingegen bewegten sich die entsprechenden Zinssätze in der preisstabilen jüngeren Vergangenheit zwischen negativen Werten für Bundesanleihen und Zinssätzen um 1 Prozent für Hypothekendarlehen. In den USA sind die Hypothekenzinsen seit dem Einsetzen der Inflation schlagartig gestiegen. »We have never seen a time where mortgage rates have risen as quickly«, sagt ein Experte.[1] Aus der anziehenden Inflation und den daraus folgenden höheren Zinsen ergeben sich gravierende Änderungen für das Finanzmanagement. Das illustrieren wir anhand von Zahlenbeispielen für das kurzfristige Cash Management sowie für eine langfristige Investition.

Cash Management

Wir nehmen an, dass ein Unternehmen aus Umsatztätigkeit eine Forderung an Kunden von 100 Millionen Euro hat. Wird die Summe sofort beglichen, so stehen 100 Millionen Euro ohne Wertverlust zur Verfügung. Der Zinssatz spielt keine Rolle. Für den Fall einer späteren Begleichung gemäß einem vereinbarten Zahlungsziel stellen wir einen Vergleich zwischen einem Zinssatz von 2 Prozent und einem solchen von 10 Prozent an. Abbildung 13.1 zeigt, welche realen, also inflationsbereinigten Werte das Unternehmen erhält, wenn die Zahlungen statt sofort in den Monaten 1 bis 12 jeweils endfällig eingehen.

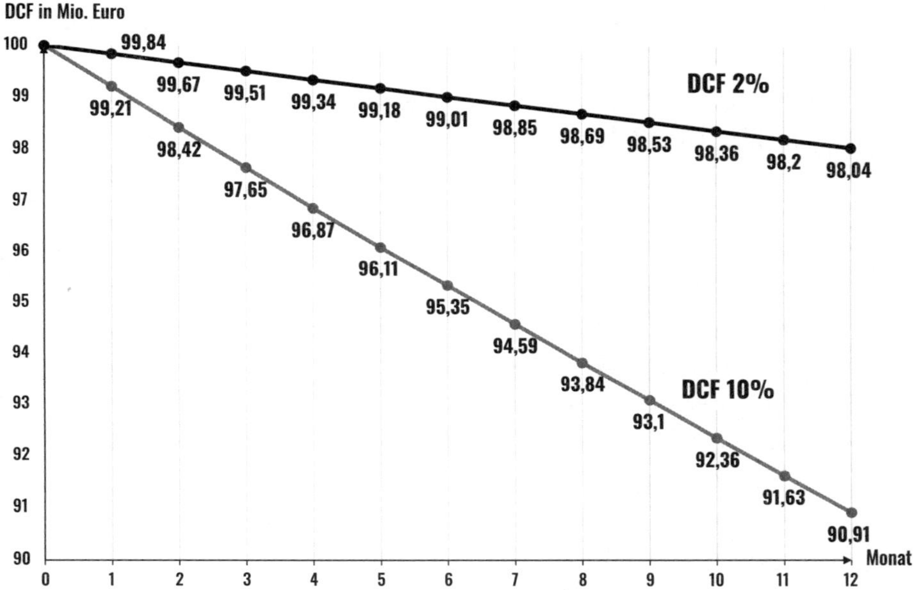

Abb. 13.1: Discounted Cash Flow (DCF) monatlicher Zahlungen bei 2 und 10 Prozent Kalkulationszinsfuß.

Quelle: eigene Darstellung.

Bei einem Zinsfuß von 2 Prozent beträgt der reale Verlust nach sechs Monaten 0,99 Prozent, nach zwölf Monaten sind es immerhin schon 1,96 Prozent. Auf die absolute Forderung von 100 Millionen Euro umgerechnet, sind die Wertverluste von 0,99 bzw. 1,96 Millionen Euro keine vernachlässigbaren Beträge. Zahlungsziele dieser Größenordnung sind in Branchen wie Düngemittel, Saatgut, Anlagen- und Maschinenbau durchaus üblich. Selbst bei niedrigen Zinsen und Inflationsraten lohnt sich das schnelle Eintreiben der Forderungen. Das gilt in viel stärkerem Maße bei höheren Inflations- und Zinsraten, wie die Werte für den Kalkulationszinsfuß von 10 Prozent in Abbildung 13.1 illustrieren. Dort erhält man bei um sechs Monate verzögerter Zahlung nämlich 4,65 Millionen Euro weniger an realem Wert und beim Zahlungseingang nach zwölf Monaten sogar 9,09 Millionen weniger. Das sind angesichts der desolaten Gewinnlage deutscher Unternehmen dramatische Einbrüche, die es zu vermeiden gilt. Höhere Inflations- und Zinsraten weisen dem kurzfristigen Cash Management eine enorm wichtige Rolle zu. Es muss alles getan werden, um die Zahlungsziele zu verkürzen und ein schnelles effektives Inkasso zu erreichen. Dazu gehört auch die Wiedereinführung von Incentives für die Kunden. So sollte man darüber nachdenken, die in früheren Zeiten mit höherer Inflation übliche Skontogewährung, die in den letzten preisstabilen Jahren oft verschwand, zu reaktivieren. Es lohnt sich, 2 oder 3 Prozent Nachlass für schnelle Zahlung, zum Beispiel innerhalb von zwei Wochen, zu gewähren, wenn die Inflation anhält und die Zinsen in die Höhe schnellen. Kommt man wegen schwacher Pricing Power oder aus Wettbewerbsgründen um die Gewährung langer Zahlungsziele nicht herum, so muss man die inflationären Wertverluste in die Kalkulation einbeziehen. Ob die daraus resultierenden höheren Preise durchsetzbar sind, ist allerdings bei schwacher Pricing Power fraglich.

Das folgende Simon-Kucher-Projekt für ein europäisches Unternehmen, das in großem Umfang Metalle verarbeitet, zeigt einen geschickten Umgang mit der Inflationsproblematik. Aufgrund des anhaltenden Preisanstiegs war der Cashflow des Unternehmens im letzten Jahr wegen der Vorfinanzierung des wichtigsten Metalls negativ. Als die Einkaufspreise für dieses Metall ab 2021 um ein Mehrfaches stiegen, verbrauchte das Unternehmen innerhalb weniger Monate seinen gesamten liquiden Bestand von über 750 Millionen Euro zur Finanzierung der eingekauften Vorräte. Den Kunden des Unternehmens wurde bis dato ein Zahlungsziel von sechs Wochen nach Lieferung gewährt. Im Frühjahr 2022 stellte das Unternehmen auf sofortige Zahlung zum Bestellzeitpunkt um, das heißt die Kunden zahlen jetzt vier Wochen vor statt bisher sechs Wochen nach der Lieferung. Da es Lieferengpässe gab, besaß das Unternehmen ausreichende Pricing Power, um diese Änderung durchzusetzen. Die Tatsache, dass der Cashflow nun zehn Wochen früher stattfindet, mildert die Wirkung der Inflation. Bei 8 Prozent Kapitalkosten (WACC) werden rund 12 Millionen an Finanzierungskosten eingespart. Zudem wird seitens der Ratingagenturen eine Heraufstufung in der Bonität erwartet.

Das schnelle Eintreiben von Forderungen ist die eine Seite. Doch was macht man daraufhin mit dem Geld angesichts der Tatsache, dass dessen Wert laufend abnimmt? Inflation bedeutet schließlich, dass das Geld seine Wertaufbewahrungsfunktion einbüßt.[2] Jedenfalls ist es nicht sinnvoll, Geld ohne Verzinsung zu halten, da man dann den vollen Wertverlust absorbieren muss. Wenn es nicht gelingt, die Mittel kurzfristig zu einem Zins anzulegen, der zumindest die Inflation neutralisiert, sollte man die Mittel in Waren oder anderen Assets binden, deren Wert in der Inflation steigt. Dieser Effekt kann zu einer höheren Lagerhaltung führen, deren Mehrkosten selbstverständlich in das Kalkül einzubeziehen sind. So meldet der Reifenhersteller Continental einen Buchgewinn von 200 Millionen Euro aus der Neubewertung von Beständen. Dieser Effekt ließ die operative Gewinnmarge von 14 auf 17 Prozent steigen.[3] Wer Produkte auf Lager hat, deren Wert steigt, profitiert von der Inflation. Die in Kapitel 2 für Verbraucher angesprochene Wertsicherung durch Gold und möglicherweise Kryptowährungen gewinnt auch für Unternehmen an Relevanz.

Langfristige Investitionen

Die Auswirkungen hoher Inflations- und Zinsraten sind für längerfristige Projekte wesentlich gravierender. Wir betrachten hierzu eine Investition, die über einen Zeitraum von zehn Jahren einen gleichmäßigen jährlichen Cashflow von 100 Millionen Euro generiert. In Abbildung 13.2 stellen wir einen Vergleich der Discounted Cash Flows (DCF) für Kalkulationszinssätze von 5 und 10 Prozent dar.

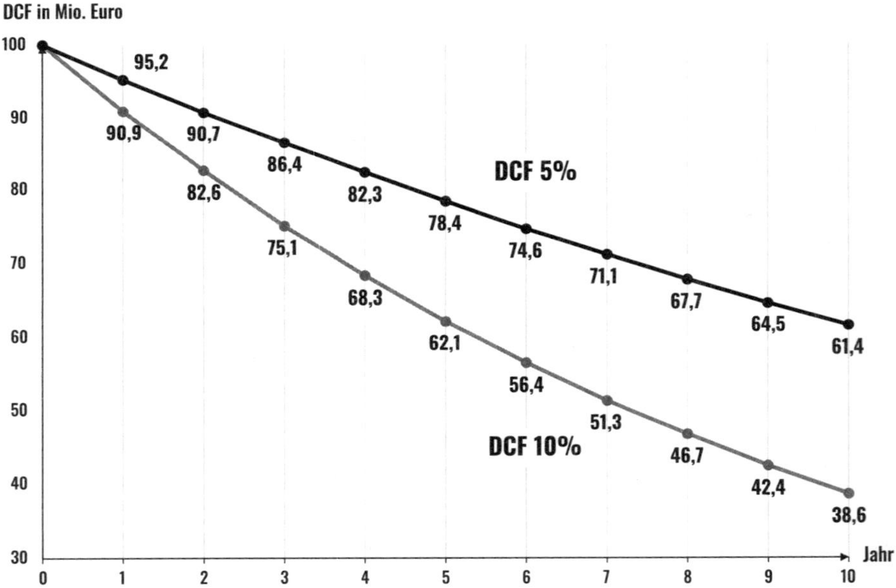

Abb. 13.2: DCFs bei 5 und 10 Prozent Kalkulationszinsfuß für jährlichen Cashflow von 100 Millionen Euro.

Quelle: eigene Darstellung.

Bei fünfprozentiger Abzinsung geht der Cashflow des Jahres 10 mit 61,4 Millionen in den DCF ein. Beim Kalkulationszinsfuß von 10 Prozent sind es lediglich noch 38,6 Millionen Euro. In der Summe über die zehn Jahre ergeben sich DCFs von 772,2 vs. 614,5 Millionen Euro. Die Differenz beträgt riesige 157,7 Millionen Euro. Mit 5 Prozent Abzinsung würde sich ein positiver Kapitalwert bei einer Investitionssumme von bis zu 772 Millionen Euro ergeben. Bei 10 Prozent Abzinsung würde man bei Forderung eines positiven Kapitalwertes maximal 614 Millionen Euro investieren.

Diese Überlegungen gelten gleichermaßen für langfristige Verträge und deren Cashflow-Strukturen. So offeriert der führende Windanlagenhersteller Enercon seinen Kunden im Rahmen des Enercon-Partner-Konzeptes (EPK) einen zwölfjährigen Servicevertrag mit umfassenden Leistungen. Bestandteil von EPK ist die Übernahme von 50 Prozent des Vertragspreises in den ersten sechs Jahren durch Enercon. Unter Inflationsbedingungen ist das kein empfehlenswertes Modell, da die Cashflows mit erheblicher Verzögerung anfallen und insofern stark reduziert in den DCF einfließen. Die langfristigen Auswirkungen höherer Inflations- und Zinsraten auf Finanzierung und Investitionen von Unternehmen können dramatisch sein.

Herausforderung Economic Profit

In Kapitel 4 haben wir den Economic Profit definiert als denjenigen Gewinn, der über die Kapitalkosten hinausgeht und der den eigentlich unternehmerischen Wertbeitrag misst. Der Economic Profit stellt die Differenz von Gesamtkapitalrendite und Gesamtkapitalkostensatz multipliziert mit dem im Unternehmen gebundenen Gesamtkapital GK dar. Der Economic Profit EP ist somit definiert als

$$EP = GK \times (\text{Gesamtkapitalrendite} - WACC).$$

Eine zentrale Rolle für die Ermittlung des Economic Profit spielen die von den Kapitalgebern geforderten risikoadjustierten Mindestrenditen. Aus Sicht der Eigen- und Fremdkapitalgeber ist die Variable »Weighted Average Cost of Capital«, abgekürzt WACC (Gewichtete durchschnittliche Kosten des Kapitals) relevant. WACC ist definiert als

$$WACC = e(EK/GK) + f(1\text{-}s)(FK/GK)$$

mit EK, FK, GK (Eigen-, Fremd- beziehungsweise Gesamtkapital) jeweils zu Marktpreisen (nicht Buchwerten) bewertet. Der Parameter e repräsentiert den Renditeanspruch der Eigenkapitalgeber, entsprechend f den Verzinsungsanspruch der Fremdkapitalgeber. Die Variable s bezeichnet den Körperschaftsteuersatz. Da die Fremdkapitalkosten absetzbar sind, werden sie nach Steuern betrachtet.

Eine kritische Größe in der Formel ist die Variable e, die den Renditeanspruch der Eigenkapitalgeber ausdrückt. Diese Variable berechnet sich nach dem Capital Asset Pricing Model, abgekürzt CAPM, als risikolose Kapitalanlage plus Risikoprämie.[4] Hier kommt die Risikokomponente des Gewinns zum Ausdruck. Das Konzept des Economic Profit wird in der Praxis häufig in Form des sogenannten Economic Value Added, abgekürzt EVA, umgesetzt. EVA wurde von der Beratungsfirma Stern Stewart propagiert.[5] Siemens war in Deutschland einer der Pioniere in der Übernahme des EVA-Ansatzes, den es intern als Geschäftswertbeitrag, abgekürzt GWB, bezeichnet. Viele DAX-Unternehmen wenden das EVA-Konzept zur Steuerung ihrer Geschäftsbereiche an. Auch in führenden Privatunternehmen spielt der Economic Profit eine zentrale Rolle. So beschreibt Charles G. Koch, CEO von Koch Industries, des mit 110 Milliarden Dollar größten Familienunternehmens der Welt, die Opportunitätskosten des Kapitals als zentrale Steuerungsgröße seiner Unternehmensgruppe.[6] Der Grundgedanke, die Opportunitätskosten des Kapitals als Vergleichsbasis zu verwenden, ist nicht neu, sondern geht auf einen Vorschlag von Alfred Marshall aus dem Jahr 1890 zurück.[7] Der gleiche Gedanke findet sich auch in der Kapitalwertmethode (Discounted Cash Flow) wieder.

Die WACC werden in den Geschäftsberichten börsennotierter Aktiengesellschaften teilweise angegeben. So nennt die CompuGroup Medical S.E. beispielsweise für Deutschland 6,1 Prozent, für Polen 7,0 Prozent und für die Türkei 8,7 Prozent als WACC.[8] Diese Werte spiegeln die unterschiedlichen Risiken in den drei Ländern wider. Daimler verwendet für das Fahrzeuggeschäft WACC von 8 Prozent, hingegen für die neuen, risikoreicheren Geschäfte, die als Financial Services Mobility firmieren, eine Rate von 15 Prozent.[9]

Wie beeinflusst die Inflation nun den Economic Profit? Die mit der Inflation steigenden Zinsen führen zwangsläufig dazu, dass auch die Kapitalkosten steigen. Als weitere Konsequenz kann hinzukommen, dass die Risikowahrnehmung der Investoren durch hohe Inflationsraten zunimmt und diese eine höhere Risikoprämie verlangen. Beide Faktoren treiben die WACC nach oben, so dass die Erzielung eines Economic Profit durch Inflation wesentlich erschwert wird.

Scheingewinne

In Kapitel 4 haben wir eine kurze Definition von Scheingewinnen gegeben und auf die Problematik der Besteuerung hingewiesen. Scheingewinne entstehen, weil in der Gewinn- und Verlustrechnung nur historische Kosten angesetzt werden dürfen, die niedriger sind als die Wiederbeschaffungskosten. Die Differenz zwischen beiden steigt mit zunehmender Höhe und Dauer der

Inflation. Bei Verbrauchsmaterialien entstehen Scheingewinne, wenn die Einkaufspreise unter den Wiederbeschaffungspreisen liegen. Hierbei spielt neben der Inflationsrate die Lagerdauer eine Rolle. Wesentlich gravierender ist das Thema Scheingewinn bei Investitionsgütern, die über mehrere Jahre genutzt werden. Bei hoher Inflation entsteht zwischen Anschaffungs- und Wiederbeschaffungswerten eine große Lücke. In den 1970er Jahren hat sich die Literatur stark mit diesen Problemen befasst. Die gründlichste Arbeit stammt von Willi Koll, der mehr als 1 000 Quellen ausgewertet und die Scheingewinnproblematik für 47 deutsche Industrieaktiengesellschaften empirisch untersucht hat.[10]

Um diese Problematik zu illustrieren, nehmen wir an, ein Unternehmen erziele 100 Millionen Euro Umsatz und einen Vorsteuergewinn von 10 Millionen Euro. Der Maschinenpark, dessen Anschaffung 50 Millionen Euro gekostet habe, werde über fünf Jahre abgeschrieben und danach auf einen Schlag ersetzt. Die jährlichen Abschreibungen betragen demnach 10 Millionen Euro. Das Geschäft laufe über die fünf Jahre konstant, das heißt, Umsatz und nominaler Gewinn sollen von Jahr zu Jahr unverändert 100 beziehungsweise 10 Millionen Euro betragen. Wie wirkt sich nun eine zehnprozentige Inflation, bei der die Maschinen jedes Jahr um 10 Prozent teurer werden, aus? Der Ersatz des Maschinenparks nach fünf Jahren kostet demnach nicht 50, sondern 80,5 Millionen Euro. In Höhe der Differenz von 30,5 Millionen Euro ist ein Scheingewinn entstanden, der zu versteuern ist. Bei einem Körperschaftsteuersatz von 30 Prozent hat die Firma 9,15 Millionen Euro »zu viel« an Steuern gezahlt. Dieser Betrag fehlt für die Finanzierung der Erneuerung des Maschinenparks. Man kann den Sachverhalt auch anders ausdrücken. Während der nominale Gewinn gleich bleibt, geht der reale Gewinn jedes Jahr um 10 Prozent zurück. Im fünften Jahr wird bei einem nominalen Gewinn von 10 Millionen Euro nur noch ein realer Gewinn von 6,2 Millionen Euro erzielt. Zu Wiederbeschaffungskosten müssten im fünften Jahr 16,2 Millionen Euro statt der zugelassenen 10 Millionen Euro abgeschrieben werden. Die Firma hätte ihre steuermindernden Abschreibungen über die fünf Jahre um insgesamt 30,5 Millionen Euro erhöhen müssen, um »real«, das heißt in Kaufkraft gemessen, gleich gut dazustehen, wie zu Zeiten ohne Inflation. Die Besteuerung ist auf nominale Gewinne ausgerichtet. Scheingewinne unterliegen der Besteuerung, ohne dass ihnen eine reale Wertsteigerung entspricht. Steuermindernde Abschreibungen können nur auf die Anschaffungskosten, jedoch nicht auf die Wiederbeschaffungskosten vorgenommen werden.

Wie sehen mögliche Maßnahmen gegen die Scheingewinnproblematik aus? Die wichtigste ist die Bildung stiller Reserven. Diese ist auch in preisstabilen Zeiten angeraten, um die momentane Steuerbelastung zu minimieren und Steuerzahlungen in die Zukunft zu verlagern. Bei hoher Inflation steigen die Vorteile dieser Verlagerung, da die Steuern in entwertetem Geld gezahlt werden. Daraus folgt, dass die Schaffung stiller Reserven in Inflationszeiten höchste Aufmerksamkeit verdient. Im Geleitwort zur Dissertation von Koll schreibt Horst Albach: »Je höher der Scheingewinn ist, desto höher ist die Zuführung zu stillen Reserven der Unternehmen. Die Stille-Reserven-Politik ist jedoch in den Jahren des Untersuchungszeitraums (Inflationsphase in den 1970er Jahren, Anmerkung von mir) nie ausreichend gewesen, den Inflationseffekt voll zu kompensieren.«[11] Es ist zu befürchten, dass diese Gefahr in der aktuellen Inflation erneut auftritt.

Für die Preisbestimmung ist unbedingt mit Wiederbeschaffungskosten und nicht mit historischen Kosten zu kalkulieren. Man kann auch den Standpunkt vertreten, dass man sogar etwas höhere Preise verlangen sollte, um den Nachteil der Scheingewinnbesteuerung abzumildern.

Zusammenfassung

Wir halten folgende Punkte zu Inflation und Finanzen fest:

- Die Inflation stellt neue und hohe Anforderungen an das Management der Finanzen. Dem CFO fällt eine größere Verantwortung zu, da er eine Schlüsselrolle für die Bewältigung der Inflation spielt.
- Das Ziel eines Unternehmens sollte die reale Gewinnerhaltung sein. Von einer Steigerung des nominalen Gewinns darf man sich nicht täuschen lassen.
- Cash wird wichtiger. Es geht darum, Forderungen möglichst schnell einzutreiben und das erhaltene Geld inflationsgeschützt anzulegen.
- Wenn eine Verkürzung von Zahlungszielen nicht gelingt, ist der entstehende Wertverlust bei der Preisbestimmung zu berücksichtigen.
- Die im Zuge der Inflation steigenden Zinsen führen im Rahmen des Discounted-Cashflow-Modells dazu, dass zukünftige Einnahmen stärker abdiskontiert werden. Die Vorteilhaftigkeit von Investitionen hängt stärker vom Zeitprofil der Cashflows ab.
- Die Kapitalkosten WACC werden durch steigende Zinsen und mögliche höhere Risikoprämien nach oben getrieben. Es wird schwerer, einen Economic Profit zu erzielen. Dennoch sollte dieses Ziel nicht aufgegeben werden.
- Die aus der Besteuerung von Scheingewinnen resultierende Finanzierungslücke sollte man abmildern, indem man im höchstmöglichen Umfang stille Reserven bildet.
- Für die Preisbildung ist unbedingt auf Wiederbeschaffungskosten, eventuell ergänzt um einen Zuschlag für den Scheingewinneffekt, zu rekurrieren.

Kapitel 14

Kosten senken

Um unter Inflationsbedingungen das Gewinnniveau zu verteidigen, reichen absatzseitige Maßnahmen in aller Regel nicht aus. Zum einen gelingt es oft nicht, die Kostensteigerungen voll im Preis weiterzugeben, so dass der Stückdeckungsbeitrag sinkt. Zum Zweiten bringt die Preiserhöhung mit einiger Wahrscheinlichkeit Absatzrückgänge. Beide Effekte üben Druck auf den Gewinn aus. Um diesen zu verteidigen, muss auch das Kostenmanagement einen Beitrag liefern. Dies gilt erst recht für die Verteidigung des realen Gewinnes oder gar des Economic Profit. Wie steht es diesbezüglich in der Praxis? In der in Kapitel 1 angeführten Simon-Kucher-Studie wurden 261 deutsche Industriegüter- und 106 Konsumgüterunternehmen zu ihren Reaktionen auf die Inflation befragt. Eine Frage bezog sich darauf, wieviel Prozent vom Kostenanstieg durch höhere Effizienz kompensiert werden. Die Industriegüterhersteller nannten hier 17 Prozent, die Konsumgüterproduzenten 28 Prozent.[1] Nimmt man auf der Kostenseite eine Inflationsrate von 10 Prozent an, so werden demnach Einsparungen von 1,7 bzw. 2,8 Prozent erzielt. Diese Werte bewegen sich im Rahmen üblicher jährlicher Produktivitätssteigerungen und erscheinen insofern nicht übermäßig ambitioniert. In einer US-Studie sagten 22 Prozent der Befragten, dass sie Kostensenkungen als wichtigste Maßnahme gegen die Inflation sehen.[2]

Das Bewusstsein, dass der Inflation auch mit Kostensenkungen begegnet werden muss, ist also bei Praktikern vorhanden.

Betroffene von Kostensenkungen

Betroffen von Maßnahmen zur Kostensenkung sind im Wesentlichen zwei Gruppen, nämlich die Arbeitnehmer und die Lieferanten. Bei beiden Gruppen ist mit inflationären Kostensteigerungen zu rechnen. Die Arbeitnehmer bzw. die sie vertretenden Gewerkschaften werden einen Inflationsausgleich fordern, wie eine Forderung der IG Metall nach 8,2 Prozent Lohnsteigerung belegt.[3] Die Löhne steigen stärker an als in preisstabilen Phasen. Je höher die Wertschöpfungstiefe eines Unternehmens ist, desto mehr liegen die Kosteneinsparpotenziale auf der Arbeitnehmerseite. Anders als bei Preis- und Absatzmaßnahmen sind mit Kostenreduktionen häufig soziale Härten wie Entlassungen oder Lohnkürzungen verbunden. Das Management besitzt hierbei eine stärkere Kontrolle als bei Preis- und Absatzaktionen, über deren Wirkung letztlich der Kunde entscheidet. Doch auch den Arbeitnehmern gegenüber ist die Macht des Managements aufgrund negativer Motivationseffekte, gesetzlicher Regelungen, der Mitbestimmung und des Einflusses der Gewerkschaften begrenzt.

Je höher der Wertanteil von Zulieferungen ist, desto mehr liegt das Kostensenkungspotenzial auf der Lieferantenseite, und desto stärker fällt der Druck auf die Zulieferer aus. Mit inflationär steigenden Beschaffungspreisen wird dieser Druck weiter verschärft. Die relative Machtposition zwischen Zulieferer und Abnehmer spielt dabei eine ausschlaggebende Rolle. Wie wir im Rahmen der Diskussion von Pricing Power analysiert haben, können sich die Machtpositionen im Rahmen von Inflation und

Lieferengpässen verschieben. Auswirkungen auf die Beschaffungspreise sind wahrscheinlich. Während die Autoindustrie in ruhigeren Zeiten eine starke Machtposition gegenüber ihren Zulieferern besitzt, dürfte derzeit angesichts der Engpässe bei elektronischen Chips das Umgekehrte gelten. Die Autohersteller kämpfen um Zuteilungen und müssen höhere Preise akzeptieren, um selbst lieferfähig zu bleiben.

Mengen und Preise

Kosten ergeben sich aus den eingesetzten Mengen von Material und Arbeit, multipliziert mit den jeweiligen Preisen. Demnach können Kosten auf zweierlei Weise eingespart werden, nämlich durch Reduktion des Mengen- oder des Arbeitseinsatzes. Eine weitere Methode ist der Ersatz von teurem durch billigeres Material. Welchen Einfluss hat die Inflation auf diese Gegebenheiten? Inflation bedeutet primär, dass die Preise für die Inputfaktoren steigen. Folglich muss die erste und schnellste Verteidigungslinie bei den Preisen ansetzen und den Preiserhöhungsversuchen der Zulieferer und der Arbeitnehmer Widerstand entgegensetzen. Das heißt, die Preisverhandlungen nehmen an Härte zu. Diejenigen, die Preise verhandeln, müssen besser vorbereitet sein (siehe dazu Kapitel 12 zur Rolle des Vertriebs), und die entsprechenden Teams sollten möglichst hochkarätig besetzt werden, bis hin zum Einsatz des CEOs oder des CFOs. Einkaufs- und Personalchefs nehmen ohnehin an den ressortbezogenen Verhandlungen teil.

Es ist gleichwohl Realismus angezeigt. Denn entstehende Lieferengpässe auf der Materialseite und Nachwuchsmangel auf der Arbeitnehmerseite schwächen die Pricing Power des Abnehmers. Die Einsparmöglichkeiten bei den Beschaffungspreisen und den Löhnen werden sich in Grenzen halten. Daraus entsteht ein starker Druck auf den Mengeneinsatz, sprich auf Rationalisierung. Rationalisierungsmaßnahmen haben einen höheren Zeitbedarf als Preismaßnahmen, sind also im Hinblick auf eine schnelle Überwindung der Gewinnklemme weniger effektiv. Zudem sind die mengenmäßigen Einsparmöglichkeiten in vielen Branchen faktisch beschränkt. Ein Bäcker braucht nun mal für ein Brot eine bestimmte Menge Mehl. In solchen Branchen muss sich die Rationalisierung auf Prozesse und die Reduktion der Arbeitsmenge konzentrieren. Diese Überlegungen deuten an, wie schwierig es ist, in der Inflation im Preis-Mengen-Gerüst große Einsparungen zu erzielen.

Das Gefühl, gegenüber Arbeitnehmern und Lieferanten eine stärkere Machtposition zu besitzen als gegenüber Kunden, führt unter normalen Umständen dazu, dass sich das Management bei Gewinndruck zuerst die Kostenseite vornimmt. An zweiter Stelle folgt typischerweise der Versuch, den Absatz zu steigern. Und erst an dritter Stelle kommt der Preis. In der Inflation ändert sich diese Reihenfolge. Der Preis steht an erster Stelle, verbunden mit dem Bemühen, das Absatzniveau zu stabilisieren. Danach folgen die Kosten.

Zeitbedarf

Diese Reihenfolge liegt auch darin begründet, dass Kostenmaßnahmen, anders als Preismaßnahmen, mehr Zeit für die Umsetzung brauchen. Bis sie tatsächlich wirken, können erhebliche Zeiträume verstreichen. So kündigte der weltmarktführende Pressenhersteller Schuler im Juli 2019 an, wegen schwacher Nachfrage 500 Arbeitsplätze abzubauen. »Das Kostensenkungsprogramm koste zunächst 85 Millionen Euro. Erste Einspareffekte seien dann ab dem zweiten Halbjahr 2020 zu erwarten.«[4]

Zwischen Ankündigung und ersten Wirkungen liegen hier anderthalb Jahre. In vielen Fällen wird die Zeitspanne noch länger sein. Die zeitliche Dimension spielt im Kostenmanagement eine kritische Rolle.

Häufig, ja sogar im Regelfall, erfordern Kostensenkungsmaßnahmen zunächst höhere Aufwendungen oder Investitionen. Diese Tatsache belastet kurzfristig die Liquidität. Die cash- und gewinnverbessernden Einsparungen folgen erst später. Beispiele sind Abfindungen für langjährige Mitarbeiter, Ablösung von Mietverträgen oder Investitionen in neue Maschinen, mit denen kostengünstiger produziert werden kann. Inflationsinduzierte Cash- und Finanzierungsengpässe sowie höhere Zinsen können die Umsetzung von Kostensenkungen beschränken.

Kostenstruktur und Risiko

Die Kostenstruktur, also das Verhältnis von variablen und fixen Kosten, hat Einfluss auf das in Krisenzeiten entstehende Risiko. Je niedriger die variablen Stückkosten, allgemein die Grenzkosten sind, desto stärker gewinnsteigernd ist Absatzwachstum. Da niedrige variable Kosten in der Regel mit höheren Fixkosten verbunden sind, entsteht bei dieser Konstellation ein starker Verkaufs- und Wachstumsdruck. Eine hohe Kapazitätsauslastung ist bei niedrigen variablen und hohen fixen Kosten der effektivste Weg zur Steigerung der Profitabilität.

Die Struktur der beiden Kostenarten eröffnet interessante strategische Optionen. Um variable Kosten zu reduzieren, muss man normalerweise höhere Fixkosten in Kauf nehmen. Das gilt beispielsweise für die Automatisierung. Sie spart am Faktor Arbeit, erfordert jedoch höhere Investitionen, die typischerweise zu erhöhten Fixkosten führen. Auch der Wechsel vom Vertrieb über den Handel zu eigenen Läden, den viele Luxus- und Modefirmen beschritten haben, verschiebt die Kostenstruktur von variablen zu fixen Kosten. Diese Umschichtung verändert allerdings auch das Risikoprofil, denn in Krisenzeiten bleibt man auf den Fixkosten sitzen. Auf dem Höhepunkt der Finanzkrise besuchte ich die Mall des Raffles Hotels in Singapur. Alle berühmten Luxusmarken waren dort mit eigenen Läden vertreten, deren Mieten hohe Fixkosten darstellten. Das Einzige, was ich nicht sah, waren Kunden. Auch in jüngerer Zeit gerieten zahlreiche Modefirmen in Existenznöte, manche sogar in die Insolvenz. Beispiele sind Gerry Weber, Esprit, Charles Vögele oder Miller & Monroe. Eine wichtige Ursache war dabei die Expansion in eigene Läden, die zu einem massiven Anstieg der Fixkosten führte. Interessant ist in diesem Kontext der Befund von Himme, dass Kostenmanagement meistens mit Kostensenkung in Verbindung gebracht wird. Selten würden in Ergänzung dazu die Kostenstrukturen betrachtet, obwohl generell ein deutlicher Anstieg der Fixkosten zu verzeichnen sei, der die Handlungsspielräume in Krisen einschränke.[5]

In Zeiten starken und anhaltenden Wachstums ist die Versuchung groß, die schnell zunehmenden variablen Kosten für Handelsvertreter, unabhängige Groß- und Einzelhändler oder Logistik durch eigene Kapazitäten zu substituieren. Das führt zwangsläufig zum Anstieg des Fixkostenblocks. Solange das Wachstum anhält und große Absatz- und Umsatzzahlen generiert, ist diese Strategie vorteilhaft. Wenn jedoch ein Absatz- oder Umsatzeinbruch einsetzt, bleibt man auf den Fixkosten sitzen und rutscht in die Verlustzone. Preisgleitklauseln in Miet- oder langfristigen Lieferverträgen verschärfen das Problem auf der Kundenseite, während sie für den Lieferanten vorteilhaft sind. Angesichts der Schnelligkeit, mit der die Inflation einsetzt, muss prioritär an den variablen Kosten gearbeitet werden, denn per definitionem ist die Rückführung von Fixkosten langwieriger.

Break-even-Menge

Die Break-even-Menge (BEM) oder Gewinnschwelle ergibt sich aus der Division der Fixkosten durch den Stückdeckungsbeitrag, der als Differenz zwischen Preis und variablen Stückkosten definiert ist. Dabei ist eine lineare Kostenfunktion unterstellt. Für unser schon bekanntes Beispiel mit Fixkosten von 30 Millionen Euro, variablen Stückkosten von 60 Euro und einem konstanten Preis von 100 Euro zeigt Abbildung 14.1 die Abhängigkeit der Break-even-Menge von den variablen Stückkosten und den Fixkosten.

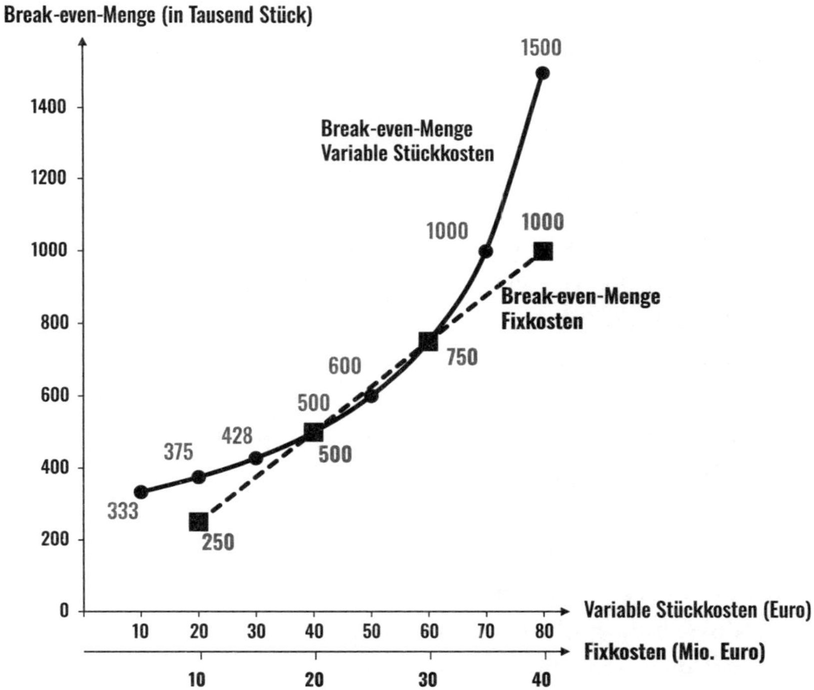

Abb. 14.1: Abhängigkeit der Break-even-Menge von den variablen Stückkosten und den Fixkosten.

Quelle: eigene Darstellung.

Beim Preis von 100 Euro liegt die Break-even-Menge bei 750 000 Einheiten. Mit höheren variablen Stückkosten steigt sie überproportional an. Bei niedrigeren variablen Stückkosten sinkt sie entsprechend unterproportional. Gehen wir vom Ausgangswert der variablen Stückkosten von 60 Euro aus, dann treibt eine Stückkostenerhöhung die BEM schneller hoch als eine prozentual gleiche Fixkostenerhöhung. Unterhalb einer BEM von 500 000 Stück reduziert hingegen eine Fixkostensenkung die BEM stärker als eine Senkung der variablen Kosten. Es ist also situationsabhängig, bei welcher Kostenart Maßnahmen und Investitionen im Hinblick auf die BEM effektiver sind.

Es ist wahrscheinlich, dass sich die Inflation zumindest kurzfristig schneller und stärker auf die variablen Stückkosten auswirkt, da in diese beispielsweise die Beschaffungspreise für Material einfließen. Damit steigt die Break-even-Menge überproportional an. Wenn im Beispiel der Abbildung 14.1 die variablen Stückkosten von 60 auf 70 Euro steigen, geht die Break-even-Menge auf 1 Million Einheiten hoch. Steigen die variablen Stückkosten auf 80 Euro, so verdoppelt sich die BEM sogar. Die Elastizität der BEM gegenüber den variablen Stückkosten hat mit 2 beim Anstieg von 60 auf 70 bzw. mit 3 beim Anstieg von 60 auf 80 Euro hohe Werte.[6] Demgegenüber beträgt die BEM-Elastizität gegenüber den Fixkosten beim Anstieg von 30 auf 40 Millionen Euro nur 1.[7]

Ein Anstieg der Break-even-Menge aufgrund von Kosteninflation kann insbesondere für junge Unternehmen und für neue Produkte zum Problem werden. Denn solange die Break-even-Menge nicht erreicht wird, bleibt der Cashflow negativ, und es muss Kapital von außen zugeführt werden. Die wegen der Inflation notwendigen Preiserhöhungen treiben die BEM in die Höhe. Die Wahrscheinlichkeit, die Gewinnschwelle zu erreichen und nicht mehr auf Kapitalzufuhr angewiesen zu sein, sinkt rapide.

Das heißt, höhere variable Stückkosten oder Fixkosten erhöhen das Risiko des Scheiterns bei neuen Geschäften. Die wichtigste Einsicht besteht darin, dass unter inflationären Bedingungen vor allem an den variablen Stückkosten gearbeitet werden muss, um einen überproportionalen Anstieg der Break-Even-Menge zu verhindern. Damit fällt dem Einkauf eine noch zentralere Rolle im Kampf gegen die Inflation zu als in preisstabilen Zeiten. Generell kam man sagen, dass Inflation eine Aufwertung der internen Machtstellung von Einkauf und Finanzen notwendig macht. Diese Funktionen müssen alle Register und Instrumente ziehen, um einen Teil der nicht überwälzbaren Kostensteigerungen zu absorbieren. Beispielhaft beschreiben wir das Instrument Kurssicherung.

Kurssicherung

Eine Vorsichtsmaßnahme gegen inflationäre Kostensteigerungen besteht im Abschluss von Zukunftskontrakten, die für eine bestimmte Periode eine Lieferung von Rohstoffen zu den heutigen Preisen gewährleisten. Solche Kontrakte verursachen allerdings Kosten, die gegen die erwarteten Preissteigerungen abzuwägen sind. Letztlich hängt ihre Vorteilhaftigkeit von der Prognosefähigkeit ab. Ein Erfolgsbeispiel liefert VW. Trotz enorm gestiegener Rohstoffpreise konnte VW im ersten Quartal 2022 sein operatives Ergebnis nahezu verdoppeln. Dazu trugen vor allem Finanzinstrumente bei, mit denen VW sich gegen den Anstieg der Rohstoffpreise und Wechselkursrisiken abgesichert hatte. Durch diese Absicherung zahlte VW trotz inzwischen eingetretener Inflation noch die niedrigen Preise für Rohstoffe, die vor der Krise galten. In Summe belief sich dieser Effekt auf 3,5 Milliarden Euro.[8] Dieses Fallbeispiel zeigt die große Bedeutung, die solchen

Absicherungsmaßnahmen in Zeiten schnell und stark steigender Rohstoffpreise zukommt. Allerdings ist die Kurssicherung mit Kosten und Risiken verbunden. Denn es kann auch in die andere Richtung gehen, wenn die Beschaffungspreise entgegen den Erwartungen sinken. Letztlich ist die Qualität von Information und Prognose entscheidend. Wirklich lohnend sind solche Sicherungsmaßnahmen zudem nur, wenn man sie früh genug unternimmt. Denn sobald die Inflation Fahrt aufgenommen hat und zur allgemeinen Erwartung wird, steigen die Preise für die Kurssicherung an. Es kommt hinzu, dass diese Maßnahmen immer nur für einen beschränkten Zeitraum einsetzbar sind und keine Dauerlösung darstellen.

Zusammenfassung

Zum Thema Inflation und Kosten halten wir folgende Punkte fest:

- Umfragen ergeben, dass etwa 20 Prozent der Kostensteigerungen durch höhere Effizienz aufgefangen werden können.
- Betroffen von Kostenmaßnahmen sind primär Arbeitnehmer und Zulieferer.
- Gegenüber diesen Gruppen fühlt sich das Management im Regelfalle in einer stärkeren Machtposition als gegenüber Kunden.
- Bei niedriger Wertschöpfung sind die Bemühungen um Kostensenkungen vorrangig auf die Zulieferer auszurichten. Bei hoher Wertschöpfung liegen die Potenziale für Kostensenkungen hingegen beim Faktor Arbeit.
- Da sich die Kosten aus dem Produkt von Mengen und Preisen ergeben, muss an beiden Kostentreibern gearbeitet werden.

- Preisverhandlungen werden härter, sind besser vorzubereiten und höherkarätig zu besetzen. Knappheiten bei Material und Personal schwächen die Machtposition des Abnehmers bzw. Arbeitgebers in Preisverhandlungen.
- Die Reduktion des Kostentreibers Einsatzmenge ist tendenziell langwieriger, erfordert zusätzliche Investitionen und trägt insofern wenig zur Lösung der kurzfristigen Gewinnklemme bei.
- Beachtung erfordert auch die aus dem Verhältnis von fixen und variablen Kosten erwachsende Risikostruktur. In Wachstumsphasen ist die Kombination von niedrigen variablen und höheren fixen Kosten vorteilhaft. In Krisenzeiten entsteht aus dieser Kombination ein gravierendes, mitunter existenzgefährdendes Risiko.
- Inflation auf der Beschaffungsseite treibt kurzfristig die variablen Kosten stärker hoch als die fixen Kosten. Damit steigt die Break-Even-Menge überproportional an. Diese Situation ist insbesondere für Start-Ups und junge Unternehmen gefährlich.
- Kurssicherungen durch Zukunftskontrakte sind eine sinnvolle Maßnahme, um sich vor Preissteigerungen bei Rohstoffen zu schützen. Sie müssen allerdings frühzeitig abgeschlossen werden und beinhalten das Risiko einer Fehlprognose. Bei anhaltend hoher Inflation dürften die Kosten für Zukunftskontrakte deren Nutzen übersteigen.

Kapitel 15

Was zu tun ist – ein Fazit

Das Inflationsgespenst ist zurück und wird bleiben. Für Unternehmen hat sich die Welt, in der sie ihre Geschäfte betreiben, fundamental verändert. Die Liste der Herausforderungen, die zu bewältigen sind, trifft alle Funktionen im Unternehmen. Es geht dabei gleichermaßen um die Veränderung der Unternehmenskultur wie um konkrete, sofort wirkende Maßnahmen.

Bewusstsein schaffen

Mit dem Einsetzen der Inflation muss der CEO bei allen Führungskräften und Mitarbeitern das Bewusstsein schaffen, dass das Unternehmen sehr schnell in eine gefährliche Situation geraten kann und von allen Beteiligten Anpassungen erforderlich sind. Jeder im Unternehmen ist von der Inflation betroffen. Wenn sich innerhalb kürzester Zeit die kritischen Parameter der Unternehmenssteuerung wie Rohstoffkosten, Zinsen und Preise verändern, und das teilweise radikal, dann darf kein Mitarbeiter so weitermachen wie bisher. Es erscheint zudem zwangsläufig, dass die Löhne im weiteren Verlauf der Inflation den Preisen folgen werden. Der Chef oder die Chefin muss die Belegschaft auch vor Preisillusion warnen. Wenn nominaler Umsatz und Gewinn durch inflationierte Preise aufgebläht werden, der reale Gewinn jedoch stagniert oder der Economic Profit sogar sinkt, dann ist nichts gewonnen. In diesen Kontext gehört auch der Hinweis seitens der Führung, dass die letzte vergleichbare Inflationsphase mehr als 40 Jahre zurückliegt und die Mitarbeiter insofern keine eigenen Erfahrungen mit Inflation besitzen. Das erfordert Lern- und Umdenkbereitschaft. In global tätigen Konzernen lässt sich vielleicht von den Kollegen in Hochinflationsländern lernen. Man kann in diesem Sinne durchaus sagen, dass die Inflation einen Kulturwandel erfordert.

Gewinntransparenz herstellen

CEOs sollten darüber nachdenken, bei ihren Mitarbeitern höhere Transparenz zur Gewinnlage herzustellen. Denn in der Mitarbeiterschaft und im Publikum generell bestehen vielfach falsche Vorstellungen über die tatsächlichen Renditen. Mitarbeiter sind selbst Verbraucher und haben meistens keine Kenntnis von der tatsächlichen Gewinnlage ihres Unternehmens. In Verbraucherumfragen wird die Nettoumsatzrendite von Unternehmen auf 20 Prozent geschätzt. Tatsächlich erreicht die Nachsteuerumsatzrendite deutscher Unternehmen im langjährigen Durchschnitt, wie eingangs erwähnt, nur 3,3 Prozent. Der Gewinnpuffer ist in den weitaus meisten Unternehmen angesichts der Inflationsgefahren äußerst dünn. Zur Gewinntransparenz gehört zudem, dass sich die Mitarbeiter nicht von inflationär aufgeblähten Umsatzzahlen täuschen lassen und verstehen, dass es darum geht, den realen Gewinn oder besser noch den Economic Profit zu verteidigen. Eine offenere Information über die bescheidene Gewinnlage wird in vielen Firmen die Bereitschaft der Belegschaft zum Wandel fördern. In diesem Sinne bietet die Inflation auch eine Chance. Denn Wandel gelingt in Krisenphasen eher als in guten Zeiten.

Funktionen zur Verantwortung rufen

Zum Kulturwandel gehören die Betroffenheit und damit Verantwortung aller Funktionen. Der Gedanke, dass nur diejenigen, die Preiserhöhungen an der Vertriebsfront durchsetzen müssen, Verantwortung für die Bewältigung der Inflationsproblematik tragen, ist irreführend. Preiserhöhungen alleine werden das Problem in den meisten Unternehmen nicht lösen. Den wenigsten Firmen gelingt es, die Kostensteigerungen voll auf die Kunden zu überwälzen. Der entsprechende Prozentsatz liegt im Durchschnitt bestenfalls in der Größenordnung von 50 Prozent. Auch die Kostenseite muss einen Beitrag zur Gewinnverteidigung leisten. Das betrifft den Einkauf, das Personalmanagement, die Produktion und nicht zuletzt das Finanzwesen. Den jeweiligen Funktionschefs obliegt es, aus dem generellen Mandat konkrete Maßnahmen für ihre jeweiligen Mitarbeiter abzuleiten. Dabei kommt es auf die Beachtung der spezifischen Situation und ihrer Ursachen an. Wir haben gesehen, dass allgemeine Indizes zu Preisen und Kosten keine brauchbaren Leitlinien für Sofortmaßnahmen bei einem bestimmten Produkt oder Service bieten. Ein auf die jeweilige Situation bezogenes, tiefes Verständnis ist erforderlich.

Agilität erhöhen

Ähnlich wie in den 1970er Jahren hat die Inflation ruckartig eingesetzt. Gleichzeitig propagierten Zentralbanken und Makroökonomen, es handele sich um ein temporäres Phänomen, das mit der Beseitigung sektoraler Engpässe verschwinde, und ließen sich viel Zeit mit ihren Reaktionen. Doch diese Erwartungen haben sich bereits nach kurzer Zeit als Illusion erwiesen und werden dies weiter tun. Es ist mit über Jahre andauernden Kosten- und Preissteigerungen zu rechnen, die irregulär und ohne große Vorankündigung kommen. Daraus ergibt sich der Zwang, die Agilität des Unternehmens durchgängig zu erhöhen. Das gilt für Informationen über Kosten genauso wie für solche über Preise.

Der Informationsagilität folgt die Aktionsagilität. Neuen Erkenntnissen müssen schnellstmöglich Taten folgen. Eine Spedition kann nicht ein Vierteljahr warten, bis sie die Kostensteigerungen bei Kraftstoffen weitergibt. Das muss sofort geschehen. Es geht darum, wie es der Aufsichtsratsvorsitzende eines Großunternehmens ausdrückt, »vor die Kostenwelle« zu kommen und nicht den Kostensteigerungen hinterher zu laufen. Wenn bisher jährliche Preisanpassungen Usus waren, wie beispielsweise bei den sogenannten »Jahresgesprächen« in der Lebensmittelindustrie, kann sich jetzt die Notwendigkeit ergeben, Preise vierteljährlich, monatlich oder in noch kürzeren irregulären Intervallen anzuheben. Zum Timing-Aspekt gehört auch die in die Verantwortung von Finanzen und Vertrieb fallende zeitliche Restrukturierung von Zahlungsströmen.

Pricing Power stärken

Pricing Power ist die Fähigkeit, bei den Kunden Preise durchzusetzen, die für die Erzielung eines angemessenen Gewinns notwendig sind. In der Inflation geht es um Preiserhöhungen, und so wird die Pricing Power zur wichtigsten Voraussetzung für Erfolg. Das Problem besteht darin, dass Pricing Power nicht kurzfristig, sozusagen aus dem Nichts, geschaffen werden kann. Man sollte aber dennoch versuchen, die Pricing Power zu verstärken. Dabei spielt der wahrgenommene Kundennutzen eine zentrale Rolle, denn er bestimmt die Preisbereitschaft der Kunden. Gelingt es, die Wahrnehmung des Nutzens zu verbessern, so steigen die Chancen für Erfolg bei Preiserhöhungen. Innovationen sind der wichtigste, aber leider nicht immer der effektivste Weg zu höherem Kundennutzen.

Kaum weniger bedeutsam ist die Nutzenkommunikation. Sie sollte sich in Krisenzeiten auf »harte« Nutzentreiber wie Wirtschaftlichkeit, geringen Energieverbrauch oder lange Lebensdauer konzentrieren. Angesichts der geänderten Umfeldbedingungen kann auch der Versuch, die Bewertungskriterien der Kunden zu verändern, erfolgversprechend sein. Ein Beispiel betrifft den Vergleich von traditionellen Öl- oder Gasheizungen mit Wärmepumpen. Zusatzservices können ebenfalls den Kundennutzen und damit die Pricing Power stärken. Die meisten der genannten Maßnahmen erfordern allerdings zusätzliche Aufwendungen und Investitionen, so dass die Potenziale unter Inflationsbedingungen begrenzt sein können. Ein weiteres Problem besteht im Zeitbedarf, der dem Postulat der Agilität zuwiderläuft. Insofern zählt vor allem die in der Vergangenheit aufgebaute Pricing Power, eine radikale und schnelle Verstärkung dürfte nur in wenigen Fällen gelingen.

Preismodelle umbauen

Der Vertriebsvorstand eines Chemiekonzerns sagte uns: »Now with high inflation is the time to change our price model. If we don't do it now, we will never do it.« Der Mann hat Recht. Pricing spielt im Kampf gegen die Inflation eine herausragende Rolle. Die Widerstände gegen Preiserhöhungen sind gewaltig, nicht nur bei Industriegütern, sondern auch in Verbrauchermärkten. Gleichzeitig sind höhere Preise überlebensnotwendig. Deshalb muss das gesamte Instrumentarium des Pricing mobilisiert werden, um bessere Transaktionspreise zu erzielen. Dazu gehören auf der taktischen Ebene nicht nur die »platte« Preiserhöhung, sondern Preisdifferenzierung, das Angebot von Less Expensive Alternatives, die Überwindung von Preisschwellen und der geschickte Umgang mit Rabatten. Unbedingt müssen bei längerfristigen Geschäften Preisgleitklauseln eingesetzt werden. Das kann bei Neuverträgen auf sehr effiziente Weise in Form von Smart Contracts geschehen, die abhängig von externen Indikatoren automatische Preisanpassungen bewirken.

Vielversprechend sind innovative Preissysteme wie der Übergang vom ein- zum mehrdimensionalen Pricing, Bundling oder Unbundling und Pay-per-use-Modelle. Viele dieser Ansätze erlauben eine Abschöpfung von Preisbereitschaften, die seitens der Kunden auf geringere Widerstände als hergebrachte Modelle stößt. Diese Systeme können gleichzeitig positive Nebenwirkungen wie Erhöhung der Kundenloyalität, Cross Selling oder Mengensteigerung zeitigen. Allerdings erfordern komplexere Preissysteme ein höheres Informationsniveau, denn man geht an die Grenzen der Preisbereitschaft, und wenn man diese Grenzen aufgrund von Fehlinformationen überschreitet, kann es zu schweren Absatz- und Gewinneinbrüchen kommen.

Digitalisierung nutzen

Der Digitalisierung kommt in der aktuellen Inflation große Bedeutung zu. Dies ist ein wesentlicher Unterschied zur Inflation der 1970er Jahre. Die Digitalisierung hat eine radikale Erhöhung der Transparenz bewirkt. Das gilt am stärksten für die Preistransparenz. Aber auch die Nutzentransparenz gewinnt kontinuierlich an Bedeutung. Mit erhöhter Preistransparenz nehmen die Steigung der Preisabsatzfunktion und die Preiselastizität zu. Inflationsinduzierte Preiserhöhungen haben einen stärker negativen Effekt und lassen sich schwerer durchsetzen.

Positive oder negative Nutzenbewertungen führen zu asymmetrischen Reaktionen der Nachfrage und der Preiselastizität. Positive Bewertungen reduzieren die Preiselastizität bei Preiserhöhungen. Gilt eine Gutenberg-Funktion (siehe Abb. 7.1.), so vergrößern sie den rechten monopolistischen Bereich innerhalb dessen Preiserhöhungen den Absatz nur schwach reduzieren. Es gibt also mehr Spielraum für Preiserhöhungen. Positive Bewertungen erhöhen die Pricing Power. Für negative Bewertungen gilt das jeweilige Gegenteil. Wenn ein Angebot, etwa ein Hotel, überwiegend negativ bewertet wird, dann lässt sich das Absatzniveau selbst mit Preissenkungen kaum verteidigen. Insofern verlieren Preissenkungen bei negativer Qualitätsbeurteilung auch ihre Wirkung als Wettbewerbswaffe.

Bei digitalen Produkten mit Grenzkosten von oder nahe an Null liegt der optimale Preis beim Umsatzmaximum. Verändert sich die Preisbereitschaft nicht, so bleibt der optimale Preis unverändert. Null Grenzkosten wirken insofern inflationsdämpfend. Es entsteht jedoch ein Wachstumsdruck, da die Break-even-Mengen steigen.

Vertrieb aufrüsten

Vom Einsatz und der Leistung des Vertriebs hängt die Durchsetzung von Preiserhöhungen ab. Der Vertrieb spielt folglich für die Bewältigung der Inflationsproblematik eine zentrale Rolle. In der Inflation sollte der Vertrieb stärker zentral geführt und hierarchisch aufgewertet werden. Der CEO muss dem Vertrieb verstärkte Aufmerksamkeit widmen und Rückendeckung liefern. Trotzdem brauchen die Vertriebsmitarbeiter vor Ort ausreichende Entscheidungskompetenzen, um vermehrte Verhandlungen von Preisanpassungen ohne organisatorische Reibungsverluste bewältigen zu können.

Durch Schulung und mentale Härtung muss ein Kulturwandel bei den Vertriebsmitarbeitern erreicht werden, um so die Erfahrungslücke im Umgang mit der Inflation zu schließen.

Neben offenen Preiserhöhungen ist das Stopfen von margenfressenden Leckagen gleichermaßen wichtig. Letztlich ist die Leistung des Vertriebs am erreichten Netto-Nettissimo-Transaktionspreis zu messen. Der Vertrieb muss zudem durch die Steuerung von Zahlungszielen einen Beitrag zum inflationsangepassten Cash Management leisten.

Vorgaben und Incentivierung des Vertriebs sind den Inflationsbedingungen anzupassen. Die Kundensegmentierung und die darauf aufbauende Preisdifferenzierung sind zu schärfen. Ein Konfliktpotenzial liegt darin, dass man sich von Kunden, die sich gegen Preiserhöhungen sperren, eventuell trennen muss.

Finanzen priorisieren

Der Finanzbereich muss einen wichtigen Beitrag zur Bewältigung der Inflationskonsequenzen leisten. Die Beachtung finanzieller

Wirkungen der Inflation ist zu priorisieren. Zeitnahes Reporting ist wichtiger denn je. Das gilt gleichermaßen für kurz- wie für längerfristige Finanzdispositionen. Im Cash Management geht es darum, Forderungen möglichst schnell einzuziehen und das erhaltene Geld inflationsgeschützt zu verwalten. Ob sich hierfür auch Kryptowährungen eignen, ist eine offene Frage. Langfristig können sich Bitcoin und Konsorten als Wertspeicher erweisen. Kurzfristig sind sie hoher Volatilität ausgesetzt.

Die im Zuge der Inflation steigenden Zinsen führen im Rahmen des Discounted-Cashflow-Modells dazu, dass Einnahmen in fernerer Zukunft massiv abdiskontiert werden. Die Vorteilhaftigkeit von Investitionen hängt somit stärker als bisher vom zeitlichen Anfall der Cashflows ab. Viele der in den Jahren mit niedrigen Inflationsraten und Zinsen getätigten Investitionen würden unter den neuen Gegebenheiten nicht mehr stattfinden. Höhere Kapitalkosten WACC erschweren es, einen Economic Profit zu erzielen. Dennoch sollte dieses Ziel nicht aufgegeben werden. Die aus der Besteuerung von Scheingewinnen resultierende Finanzierungslücke lässt sich abmildern, indem in höchstmöglichem Umfang stille Reserven gebildet werden.

Kosten senken

Zur Gewinnverteidigung muss in der Inflation auch das Kostenmanagement beitragen. In der Praxis kann dieser Beitrag etwa 20 bis 30 Prozent der entstehenden Gewinnlücke erreichen. Zusammen mit der Preisseite, von der etwa 50 Prozent kommen, resultiert ein Beitrag von 70 Prozent. Die restlichen 30 Prozent müssen in vielen Fällen – zumindest vorübergehend – als Gewinnreduktion in Kauf genommen werden. Die beiden wichtigsten Kostentreiber sind die Faktoren Arbeit und Materialeinsatz. Das Kostenmanagement konzentriert sich auf den Faktor mit dem höchsten Kostenanteil. Bei niedriger Wertschöpfung wie etwa im Handel oder auch in der Autoindustrie sind das die Lieferanten. Auf sie wird bei Preisverhandlungen maximaler Druck ausgeübt. Hierbei spielt die relative Pricing Power eine entscheidende Rolle. In manchen Branchen liegt die größere Pricing Power beim Nachfrager, man spricht von Nachfragemacht.

Ist die Wertschöpfung hoch, so müssen Kostensenkungen vor allem beim Faktor Arbeit ansetzen. Auf den Preis der Arbeit, also die Löhne, haben die Unternehmen nur begrenzten Einfluss. Ihre Pricing Power wird durch den Nachwuchsmangel weiter geschwächt. Daher konzentrieren sich die Bemühungen zur Kostensenkung vor allem auf die Arbeitsmenge. Das heißt, die Inflation wird zum Abbau von Arbeitsplätzen führen. Daraus entstehen Einkommensverluste für die betroffenen Arbeitnehmer und zusätzliche Belastungen für den Staat.

Beachtung erfordert auch die aus dem Verhältnis von fixen und variablen Kosten erwachsende Risikostruktur. In Wachstumsphasen ist die Kombination von niedrigen variablen und höheren fixen Kosten vorteilhaft. In Inflationszeiten kann aus dieser Kombination ein gravierendes, mitunter existenzgefährdendes Risiko entstehen. Inflation auf der Beschaffungsseite treibt kurzfristig die variablen Kosten stärker hoch als die fixen Kosten. Damit steigt die Break-Even-Menge überproportional an. Diese Situation ist insbesondere für Start-ups und junge Unternehmen gefährlich. Kurssicherungen durch Zukunftskontrakte sind eine sinnvolle Maßnahme, um sich vor Preissteigerungen bei Rohstoffen zu schützen. Sie müssen allerdings frühzeitig abgeschlossen werden und beinhalten das Risiko einer Fehlprognose. Bei anhaltend hoher Inflation dürften die Kosten für Zukunftskontrakte den Nutzen übersteigen.

Ein Fazit

Die Inflation ist da, und sie wird bleiben. Mit Wehmut werden wir noch an die preisstabilen Jahrzehnte seit 1990 zurückdenken. Die Tatsache, dass das Geld seine Funktion als Wertspeicher verliert, bringt ungewohnte Risiken für alle Wirtschaftsteilnehmer. Es gibt wenige Profiteure der Inflation, die meisten Unternehmen und Verbraucher werden auf der Verliererseite stehen. Denn es ist unmöglich, sich den Wirkungen der Inflation vollständig zu entziehen. Insofern ist Realismus angezeigt. Es geht nicht darum, die Inflation aus der Welt zu schaffen, das könnten allenfalls die Zentralbanken erreichen. Das einzelne Unternehmen genauso wie jeder Verbraucher muss hingegen alles tun, um mit der Inflation zurecht zu kommen und dabei möglichst geringen Schaden zu erleiden. Das soll der Titel dieses Buches »Die Inflation schlagen« zum Ausdruck bringen. Die Herausforderungen werden aus allen betrieblichen Perspektiven beleuchtet. Ich empfehle Maßnahmen, die »agil, konkret und effektiv« sind, wie es im Untertitel heißt. Da Inflation sich in Preisen ausdrückt, spielen Preise und Pricing für deren Bewältigung eine zentrale Rolle. Aber die unternehmerischen Reaktionen dürfen sich keineswegs auf das Preismanagement beschränken, sondern müssen Vertrieb, Finanzen, Einkauf, Kostenmanagement, Digitalisierung und Innovationen gleichermaßen einbeziehen.

Inflation ist keineswegs nur eine Frage der Kostenüberwälzung durch höhere Preise, sondern fordert vielmehr einen Kulturwandel im gesamten Unternehmen. Wenn dieser Wandel schnell und erfolgreich bewältigt wird, dann kann es gelingen, die Inflation zu schlagen und damit das Überleben des Unternehmens zu sichern.

Anmerkungen

1 Comeback des Inflationsgespenstes

1 Man beachte, dass der Index eine dimensionslose Größe ist, also nicht Euro oder D-Mark. Er dient lediglich dem Vergleich über die Zeit.
2 Thomas Mayer, Das Inflationsgespenst. Eine Weltgeschichte von Geld und Wert, Salzburg/München: Ecowin 2022.
3 Vgl. https://www.focus.de/finanzen/banken/gold-teil-2-stabiler-wert-ueber-jahrzehnte_id_3663290.html (aufgerufen am 10. April 2022).
4 Nathan Lewis, Gold: The Once and Future Money, Hoboken: Wiley 2007.
5 Agustin Carstens, The Return of Inflation, Vortrag am 5. April 2022, vgl. https://www.bis.org/speeches/sp220405.htm (aufgerufen am 6. April 2022).
6 Christian Nolting, Inflation – The Rhino in the Room, CIO Insights, Frankfurt/M.: Deutsche Bank, März 2022.
7 Das Vermögen schmilzt wie Eis in der Sonne, Interview mit Karl von Rohr, Frankfurter Allgemeine Sonntagszeitung, 17. April 2022.
8 Hans-Werner Sinn, Die wundersame Geldvermehrung. Staatsverschuldung, Negativzinsen, Inflation, Freiburg: Herder 2021, und Thomas Mayer, Das Inflationsgespenst. Eine Weltgeschichte von Geld und Wert, Salzburg/München: Ecowin 2022.
9 Christian Siedenbiedel, Die Inflation ist da – und wird auch bleiben, Interview mit Hans-Werner Sinn und Lars Feld, Frankfurter Allgemeine Zeitung, 8. April 2022, S. 29.
10 Christian Siedenbiedel, Auch Brot und Butter werden teurer, Frankfurter Allgemeine Zeitung, 14. April 2022, S. 20.
11 IG Metall fordert Lohnplus von 8 Prozent, Frankfurter Allgemeine Zeitung, 28. April 2022, S. 16.
12 Informationen zu Erdgaspreisen ab dem 1. Juni 2022, Stadtwerke Bonn.

13 Vgl. https://www.t-online.de/auto/recht-und-verkehr/id_91950408/tesla-model-3-wird-ueber-nacht-deutlich-teurer-e-auto-foerderung-sinkt.html (aufgerufen am 5. April 2022).
14 Vgl. https://efahrer.chip.de/news/billigstromer-auf-abstellgleis-nachfolger-des-elektro-dacias-schon-in-der-mache_107234 (aufgerufen am 9. April 2022).

2 Opfer und Profiteure der Inflation

1 Vgl. https://www.nytimes.com/2022/05/03/business/bp-profits-russia.html (aufgerufen am 4. Mai 2022).
2 Simon-Kucher & Partners, Inflation Campaign Survey Results, Frankfurt/M. 2022.
3 Ram Charan, Leading through Inflation: A Playbook, 2022, https://chiefexecutive.net/inflationplaybook/?utm_campaign=Weekly%20Insights%20Newsletter&utm_medium=email&_hsmi=207171797&_hsenc=-p2ANqtz--pvLY9J0ZFNGAJDbBQzZwrgOXuvh3j8sPWvzr5rwEx5_J8SdVHOaPUn57t9-jCYFx5PZUpEqQahDrXROlTwL7ZRhmvNEJfy-badruu4d6zAWfLwSO4&utm_content=207171797&utm_source=hs_email (aufgerufen am 14. Mai 2022).
4 Man beachte, dass der Durchschnittswert der Raten nicht gleich der durchschnittlichen Inflationsrate ist, da in dieser Richtung der kumulative Effekt nicht erfasst ist.
5 Willi Koll, Inflation und Rentabilität, Wiesbaden: Gabler 1979.
6 Im Mai 2022 erreichte die Inflationsrate in der Türkei knapp 70 Prozent.
7 IG Metall fordert Lohnplus von mehr als 8 Prozent, Frankfurter Allgemeine Zeitung, 28. April 2022, S. 16.
8 Christoph Hein, Eine Insel im Abwärtsstrudel, Frankfurter Allgemeine Zeitung, 8. April 2022, S. 16.
9 Frankfurter Allgemeine Zeitung, 18. April 2022.
10 Aussichtsloser Kampf gegen die Inflation, Handelsblatt, 22. April 2022.
11 Christian Seidenbiedel, So schlagen Sparer 7,3 Prozent Inflation, Frankfurter Allgemeine Zeitung, 27. April 2022, S. 23.
12 Vgl. https://de.statista.com/statistik/daten/studie/155734/umfrage/wohneigentumsquoten-in-europa/, https://www.manager-magazin.de/finanzen/immobilien/wohneigentumsquote-usa-werden-zum-land-der-wohnungsmieter-a-1140761.html (aufgerufen am 9. April 2022).
13 Hermann Simon, True Profit! No Company Ever Went Broke Turning a Profit, New York: Springer 2021.
14 Vgl. https://www.usfunds.com/resource/germans-have-quietly-become-the-worlds-biggest-buyers-of-gold/ (aufgerufen 24. April 2022).
15 Krieg treibt die Goldnachfrage, Frankfurter Allgemeine Zeitung, 28. April 2022, S. 24.

16 Ester Félez-Vinas, Sean Foley, Jonathan R. Karlsen, und Jiri Svey, Better than Bitcoin? Can cryptocurrencies beat inflation?, https://papers.ssrn.com/sol3/papers.cfm?abstract_id=3970338, 24 Nov 2021.
17 Vijay Boyapati, The Bullish Case for Bitcoin, Seattle: Nakamoto Publishing 2021.
18 Ester Félez-Vinas, Sean Foley, Jonathan R. Karlsen, und Jiri Svey, Better than Bitcoin? Can cryptocurrencies beat inflation?, https://papers.ssrn.com/sol3/papers.cfm?abstract_id=3970338, 24 Nov 2021.
19 Decade-High Mortgage Rates Pose Threat to Spring Housing Market, Wall Street Journal, 16. April 2022.
20 Georg von Wallwitz, Die große Inflation. Als Deutschland wirklich pleite war, Berlin: Berenberg 2021.
21 Vgl. https://apa.at/news/inflation-bringt-budget-milliarden-an-mehreinnahmen-3/ (aufgerufen am 20. April 2022).
22 Bei dem Rechenbeispiel sind Solidaritätszuschlag und Kirchensteuer außen vorgelassen. Die reale Mehreinnahme ergibt sich wie folgt: 14 224/1,12 = 12 700 – 12 000 = 700 Euro.

3 Agilität steigern

1 Georg von Wallwitz, Die große Inflation. Als Deutschland wirklich pleite war, Berlin: Berenberg 2021.
2 Vgl. https://www.ifo.de/en/lecture/2020/christmas-lecture/Covid-19-%20and-Multiplication-of-Money (aufgerufen am 24. April 2022).
3 Dennis Meadows, Die Grenzen des Wachstums, München: Deutsche Verlagsanstalt 1972.
4 Neben der Geldmenge beeinflusst die Umlaufgeschwindigkeit des Geldes die Inflation. Bezüglich einer vertiefenden Behandlung sei auf die folgenden makroökonomischen Quellen verwiesen: Hans-Werner Sinn, Die wundersame Geldvermehrung. Staatsverschuldung, Negativzinsen, Inflation, Freiburg: Herder 2021, und Thomas Mayer, Das Inflationsgespenst. Eine Weltgeschichte von Geld und Wert, Salzburg/München: Ecowin 2022.
5 Persönliche Mail vom 30. März 2022 bezugnehmend auf mein Interview in der Frankfurter Allgemeinen Zeitung vom 26. März 2022, das »Erhöht die Preise schneller« betitelt war.
6 Ram Charan, Leading through Inflation: A Playbook, Chiefexecutive.net, March 18, 2022.
7 Christian Müßgens, Preishammer im Reifenhandel, Frankfurter Allgemeine Zeitung, 27. April 2022, S. 18.

4 Gewinnwirkungen verstehen

1 Günter Wöhe, Ulrich Döring und Gerrit Brösel, Einführung in die Allgemeine Betriebswirtschaftslehre, 26., überarbeitete und aktualisierte Auflage, München: Vahlen 2016.
2 Vgl. Alfred Marshall, Principles of Economics, Erstausgabe, London: Macmillan 1890.
3 Peter F. Drucker, The Essential Drucker, New York: Harper Business 2001, S. 38.
4 An anderer Stelle interpretiert Drucker den Gewinn als Kosten des zukünftigen Risikos, indem er fragt: »What is the minimum profitability needed to cover the future risks of the business?«, Peter F. Drucker, The Delusion of Profit, Wall Street Journal, 5. Februar 1975, S. 10. Siehe in diesem Zusammenhang auch: Hermann Simon, Am Gewinn ist noch keine Firma kaputtgegangen, Frankfurt/M.: Campus 2020.
5 Vgl. https://www.deutschlandinzahlen.de/tab/deutschland/branchen-unternehmen/unternehmen/erfolgskennziffern-deutscher-unternehmen (aufgerufen am 26. April 2022).
6 Hermann Simon, Preisheiten. Alles, was Sie über Preise wissen müssen, 2. Auflage, Frankfurt/M.: Campus 2015, S. 33. Es liegen Daten von acht Jahren zugrunde.
7 Willi Koll, Inflation und Rentabilität, Wiesbaden: Gabler 1976, S. 448.
8 Nicht nur jammern, Frankfurter Allgemeine Zeitung, 6. April 2022, S. 22.

5 Preise inflationsgerecht optimieren

1 Hermann Simon, Preisheiten. Alles, was Sie über Preise wissen müssen, 2. Auflage, Frankfurt/M.: Campus 2015; Hermann Simon und Martin Fassnacht, Preismanagement, 5. Auflage, Wiesbaden: Gabler 2016.
2 Susanne Wied-Nebbeling, Das Preisverhalten in der Industrie, Ergebnisse einer erneuten Befragung, Tübingen: Mohr 1985.
3 Simon-Kucher & Partners, Global Pricing Study 2011, Bonn 2011.
4 Allgemein lautet die Bedingung für den gewinnmaximalen Preis wie folgt: Gewinnmaximaler Preis = (Preiselastizität x Grenzkosten)/(1+Preiselastizität). Diese Bedingung nennt man auch Amoroso-Robinson-Relation.

8 Pricing Power stärken

1 B. Freytag, Mit höherer Gewalt zu höheren Preisen, Frankfurter Allgemeine Zeitung, 23. Mai 2015, S. 30.
2 Hermann Simon, Rational verhandeln ist besser als Grabenkampf, Lebensmittelzeitung 17, 2018.
3 Streit mit Edeka belastet Eckes, Frankfurter Allgemeine Zeitung, 7. April 2022, S. 25.

4 Die Machtverhältnisse werfen Fragen auf, Interview mit Bundeskartellamtspräsident Andreas Mundt, Frankfurter Allgemeine Zeitung. 2. Februar 2013, S. 12.
5 Siehe Kapitel 1, Fiat Money ist das quasi aus dem Nichts geschaffene Geld, gemäß »fiat lux« in der Bibel.
6 Annette Ehrhardt, David Vidal und Anne-Kathrin Uhl, Global Pricing Study, Bonn: Simon-Kucher & Partners, 2012.

9 Digitalisierungschancen nutzen

1 Vgl. Rick Levine, Christopher Locke, Doc Searls und David Weinberger, Das Cluetrain Manifest. 95 Thesen für die neue Unternehmenskultur im digitalen Zeitalter, Berlin: Econ 2020.
2 Hans Domizlaff, Die Gewinnung des öffentlichen Vertrauens. Ein Lehrbuch der Markentechnik (Neuauflage). Hamburg: Marketing Journal 1982 (Erstausgabe 1939), S. 61.
3 Jeremy Rifkin, Die Null-Grenzkosten-Gesellschaft. Das Internet der Dinge, kollaboratives Gemeingut und der Rückzug des Kapitalismus, Frankfurt/M.: Campus 2014.
4 Hermann Simon, True Profit!, New York: Springer Nature 2021.

10 Taktisches Pricing anwenden

1 Dirk Siedersleben, Zulässigkeit und Gestaltbarkeit von Preisanpassungsklauseln. Ein Überblick unter Berücksichtigung der neueren Rechtsprechung, Recklinghäuser Beiträge zu Recht und Wirtschaft ReWir Nr. Fachbereich 27/2015.
2 Vgl. Bundesgerichtshof Az. XI ZR 26/20.
3 Preiserhöhung per Drehkreuz, General-Anzeiger Bonn, 4. Mai 2022, S. 28.
4 Vgl. Ryan Felton, Rivian Warns Dispute with Seat Supplier Threatens Production of Amazon Delivery Vans, Wall Street Journal, 16. Mai 2022.
5 Vgl. https://www.linkedin.com/posts/svenreinecke_pricingstrategy-pricing-preis-activity-6925475558583607297-sW6t?utm_source=linkedin_share&utm_medium=member_desktop_web (aufgerufen am 29. April 2022).
6 Hermann Simon, Preisheiten. Alles was Sie über Preise wissen müssen, 2. Auflage, Frankfurt/M.: Campus 2015; und Hermann Simon und Martin Fassnacht, Preismanagement, 4. Auflage, Wiesbaden: Gabler 2016.
7 Alexander Wulfers, Wie die Deutschen auf steigende Preise reagieren, Frankfurter Allgemeine Sonntagszeitung, 17. April 2022.
8 Originalzitat: »Consumers stuck at home during multiple surges of the virus are willing to pay steep fares and high rates to get back on the road.« Karen Langley, Quest for Pricing Power Drives Stock Gains, Wall Street Journal, April 17, 2022.

9 Vgl. Richard H. Thaler, Mental Accounting Matters, Journal of Behavioral Decision Making, 1999, No. 3, S. 119; und Richard H. Thaler, Quasi-Rational Economics, New York: Russell Sage 1994, sowie Richard H. Thaler und Cass R. Sunstein, Nudge: Improving Decisions about Health, Wealth and Happiness, London: Penguin 2009.
10 Vgl. https://www.vzhh.de/mogelpackungsliste (aufgerufen am 18. April 2022).
11 Vgl. Eckhard Kucher, Scannerdaten und Preissensitivität bei Konsumgütern, Wiesbaden: Gabler 1985.
12 Immer weniger Rabatt auf Neuwagen, General-Anzeiger Bonn, 2. Mai 2022, S. 5.
13 Hermann Simon und Martin Fassnacht, Preismanagement, 4. Auflage, Wiesbaden: Gabler 2016.

11 Innovative Preissysteme einführen

1 Pricing Power is highly prized on Wall Street, The Economist, November 6, 2021.
2 Hwang Chang-Gyu, Encounters with Great Minds: A Story of the Global No. 1 Semiconductors & 5G, Seoul: Sigongsa Publishing 2022, S. 61.
3 Heftiger Flirt mit der App, Frankfurter Allgemeine Zeitung, 20. April 2015, S. 22.

12 Vertrieb als Speerspitze einsetzen

1 Yorck Nelius, Organisation des Preismanagements von Konsumgüterherstellern. Eine empirische Untersuchung, Frankfurt/M.: Peter Lang 2011.
2 Ram Charan, Leading through Inflation: A Playbook, Chiefexecutive.net, 18. März 2022.
3 Simon-Kucher & Partners, Global Pricing Studies, 2012, 2017, 2021.
4 Christian Müßgens, Preishammer im Reifenhandel, Frankfurter Allgemeine Zeitung, 27. April 2022, S. 18.

13 Finanzen priorisieren

1 Decade-High Mortgage Rates pose Threat to Spring Housing Market, Wall Street Journal, April 16, 2022.
2 Thomas Mayer, Das Inflationsgespenst. Eine Weltgeschichte von Geld und Wert, Salzburg/München: Ecowin 2022.
3 Christian Müßgens, Preishammer im Reifenhandel, Frankfurter Allgemeine Zeitung, 27. April 2022, S. 18.
4 Vgl. Louis Perridon, Manfred Steiner und Andreas W. Rathgeber, Finanzwirtschaft der Unternehmung, 17., überarbeitete und erweiterte Auflage, München: Vahlen 2016.

5 Vgl. Joel M. Stern und John S. Shiely, The EVA Challenge: Implementing Value-Added Change in an Organization, New York: Wiley 2001; sowie G. Bennet Stewart, The Quest for Value: The EVA Management Guide, New York: Harper Business 1991.
6 Vgl. Charles G. Koch, The Science of Success: How Market-Based Management Built the World's Largest Private Company, Hoboken, N.J.: Wiley 2007.
7 Vgl. Alfred Marshall, Principles of Economics, Erstausgabe, London: Macmillan 1890.
8 CompuGroup Medical S.E., Geschäftsbericht 2017, vgl. https://www.bundesanzeiger.de/ebanzwww/wexsservlet.
9 Vgl. https://www.daimler.com/dokumente/investoren/berichte/geschaefts-berichte/daimler/daimler-ir-jahresfinanzbericht-2017.pdf, S. 251.
10 Willi Koll, Inflation und Rentabilität. Eine theoretische und empirische Analyse von Preisschwankungen und Unternehmenserfolg in den Jahresabschlüssen deutscher Aktiengesellschaften, Wiesbaden: Gabler 1979.
11 Horst Albach, Geleitwort zu Willi Koll, Inflation und Rentabilität, 1979.

14 Kosten senken

1 Simon-Kucher & Partners, Inflation Campaign Survey Results, Frankfurt/M. 2022.
2 Adam Echter, Leading through Inflation, Vortrag, Chief Executive Network, 24. März 2022.
3 IG Metall fordert Lohnplus von mehr als 8 Prozent, Frankfurter Allgemeine Zeitung, 28. April 2022, S. 16.
4 Pressenhersteller Schuler streicht 500 Stellen, Frankfurter Allgemeine Zeitung, 30. Juli 2019, S. 19.
5 Alexander Himme, Kostenmanagement. Bestandsaufnahme und kritische Beurteilung der empirischen Forschung, Zeitschrift für Betriebswirtschaft, September 2009, S. 1075.
6 Der Anstieg von 60 auf 70 Euro entspricht 16,7 Prozent, der verursachte Anstieg der BEM von 750 000 auf 1 Million Einheiten macht hingegen 33,3 Prozent aus, so dass sich eine BEM-Elastizität von 33,3/16,7= 2 ergibt. Analog für den Anstieg der Kosten von 60 auf 80, was 33,3 Prozent entspricht, BEM-Verdopplung = 100 Prozent plus, Elastizität 100/33,3 = 3.
7 Der Fixkostenanstieg von 30 auf 40 Millionen Euro entspricht 33,3 Prozent. Anstieg der BEM von 750 000 auf 1 Million Einheiten entspricht ebenfalls 33,3 Prozent, so dass sich die BEM-Elastizität als 33,3/33,3 = 1 ergibt.
8 Rohstoffpreise sichern VW-Gewinn, Frankfurtert Allgemeine Zeitung, 16. April 22, S. 25.

Über den Autor

Hermann Simon ist Gründer und Honorary Chairman von Simon-Kucher & Partners, dem Weltmarktführer in der Preisberatung mit 41 Niederlassungen weltweit. Er ist Experte für Strategie, Marketing und Pricing und ein international gefragter Berater und Referent. Simon ist der einzige Deutsche in der »Thinkers50 Hall of Fame« der wichtigsten Managementdenker der Welt. Von der Seite managementdenker.de wurde er zum einflussreichsten lebenden Managementdenker im deutschsprachigen Raum gewählt. Das Magazin *Cicero* zählt ihn zu den 100 einflussreichsten Intellektuellen in Deutschland. In China wurde die Hermann Simon Business School nach ihm benannt, die sich insbesondere dem von ihm entwickelten Hidden-Champions-Konzept widmet.

In seinem »ersten« Leben lehrte Hermann Simon als Professor für Betriebswirtschaftslehre und Marketing an den Universitäten Mainz (1989 bis 1995) und Bielefeld (ab 1979) sowie an führenden Hochschulen im Ausland: Harvard Business School, Stanford University, London Business School, INSEAD, Keio-Universität Tokio und Massachusetts Institute of Technology.

Von 1985 bis 1988 leitete er das Universitätsseminar der Wirtschaft (USW), heute European School of Management and Technology, Berlin.

Zu den mehr als 40 Buchveröffentlichungen in 30 Sprachen zählen vor allem seine Bestseller zu den Hidden Champions, ein Begriff, den er 1990 prägte und der auf Google mehr als 1,5 Millionen Einträge aufweist. Zuletzt sind im Campus Verlag *Preisheiten. Alles, was sie über Preise wissen müssen*, seine Autobiografie *Zwei Welten, ein Leben. Vom Eifelkind zum Global Player*, *Am Gewinn ist noch keine Firma kaputtgegangen* sowie *Hidden Champions. Die neuen Spielregeln im chinesischen Jahrhundert* erschienen.

Simon ist und war Mitglied der Herausgebergremien zahlreicher Fachzeitschriften. Als Mitglied von Aufsichtsräten und Stiftungskuratorien hat er umfangreiche Erfahrungen in der Überwachung von Unternehmen gewonnen. So war er Mitinitiator der ersten Special Purpose Acquisition Company (SPAC), die an einer deutschen Börse eingeführt wurde. Er hat auch den ersten deutschen Search Funds mitinitiiert.

Hermann Simon studierte Volks- und Betriebswirtschaft an den Universitäten Köln und Bonn. Promotion und Habilitation legte er bei Professor Horst Albach an der Universität Bonn ab. Er ist Träger zahlreicher Preise (Preis des Markenverbandes, Erich-Gutenberg-Preis, Georg-Bergler-Preis, Prix de l'Académie des Sciences Morales et Politiques), Ehrendoktor der IEDC School of Management in Bled, der Universität Siegen, der Kozminski Universität in Warschau sowie Honorary Professor der University of International Business and Economics in Beijing. Er ist Reserveoffizier der Deutschen Luftwaffe. In seiner Autobiografie *Zwei Welten, ein Leben* hat Hermann Simon seinen Lebensweg vom Eifeljungen zum Global Player beschrieben. Seine Heimatgemeinde Hasborn verlieh ihm und seiner Frau im Jahr 2020 die Ehrenbürgerwürde.